图1-8　3D打印作品

图1-9　ABS塑料

图1-10　PLA塑料

图1-16　彩色打印材料制品

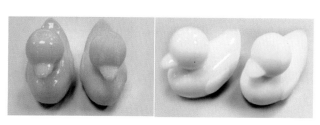

图2-36　蒸汽平滑抛光前后对比图

图2-38　丙烯颜料

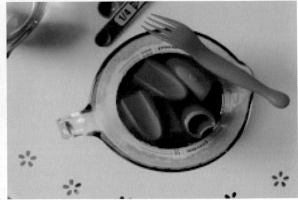

图2-45　搅拌颜料粉沫并放入成品搅拌

图2-46　漂洗　　　　　　　　　　　　　图2-47　晾干成品

图2-48　涂漆后的成品

曲棍球头盔 （材料：accura25）

下颌骨模型 （材料：VisiJet Clear）

飞机零部件 （材料：Accura CastPro）

真空阀门 （材料：Accura Bluestone）

图3-3 不同树脂材料打印的成品

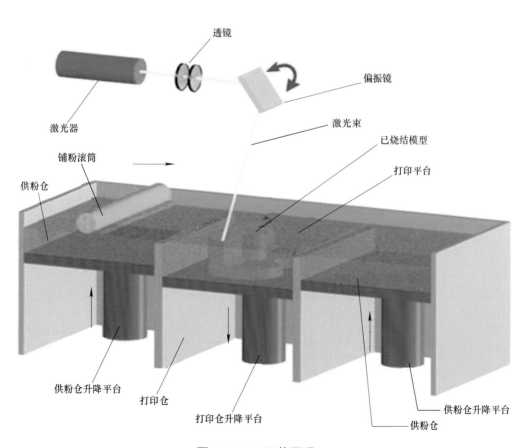

图3-5 SLS工艺原理

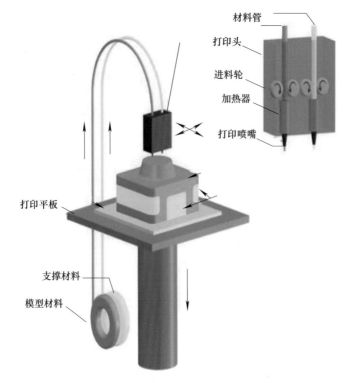

材料管
打印头
进料轮
加热器
打印喷嘴

打印平板

支撑材料
模型材料

图3-11　FDM工作原理图

ABS　PLA　HIPS

图3-13　FDM工艺的材料

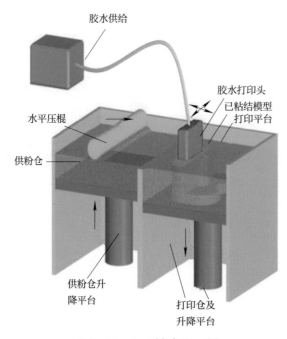

胶水供给

水平压棍

供粉仓

胶水打印头
已粘结模型
打印平台

供粉仓升
降平台

打印仓及
升降平台

图3-18　3DP技术原理图

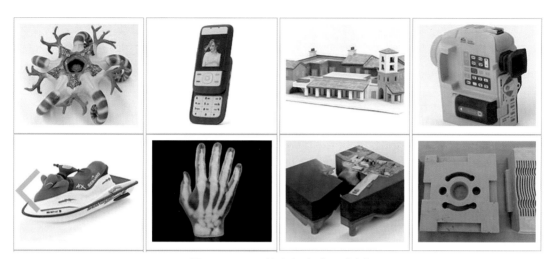

图3-20 3DP技术打印产品案例

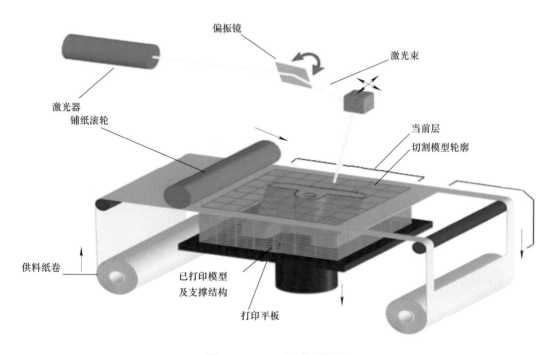

图3-22 LOM工艺原理图

图5-8 3D打印的心脏

图5-20　3D打印的巧克力

图5-21　3D打印的蛋糕

图5-27　3D打印的个性首饰

图5-28　3D打印出的吊灯

职业教育3D打印技术应用专业系列教材

# 3D打印技术概论

组　　编　华唐教育

主　　编　曹明元

副 主 编　何怀义　刘秀峰

参　　编　王　丹　刘　鹏　胡玉军

　　　　　钱国华　习志军　胡阁林

　　　　　周庆华　张　军　効文颖

机械工业出版社

本书是3D打印快速成型技术系列教材的基础教材，可以作为3D打印快速成型技术相关专业学生的专业基础教材。本书采用了模块化的编写方式，加入丰富的案例和图片，结合职业院校学生的学习特点，每个模块都安排有课前讨论、知识储备、扩展阅读、课堂讨论、模块任务、模块练习等学习环节，非常适合职业院校的学生进行探究式学习。本书共7个模块，介绍了3D打印的相关基础知识、3D打印主流技术、3D打印机及其维护方法、3D打印的应用领域及优劣势分析，以及3D打印行业岗位及职业能力分析。

本书配有电子课件，选用本书作为教材的教师可以从机械工业出版社教育服务网（www.cmpedu.com）免费注册下载或联系编辑（010-88379194）咨询。

图书在版编目（CIP）数据

3D打印技术概论/曹明元主编. —北京：机械工业出版社，2016.8
（2024.6重印）

职业教育3D打印技术应用专业系列教材

ISBN 978-7-111-54787-7

Ⅰ．①3… Ⅱ．①曹… Ⅲ．①立体印刷—印刷术—职业教育—教材
Ⅳ．①TS853

中国版本图书馆CIP数据核字（2016）第214369号

机械工业出版社（北京市百万庄大街22号 邮政编码100037）

策划编辑：梁 伟　责任编辑：李绍坤　范成欣
版式设计：鞠 杨　责任校对：马丽婷
封面设计：鞠 杨　责任印制：刘 媛

涿州市般润文化传播有限公司印刷

2024年6月第1版第13次印刷

184mm×260mm · 11.5印张 · 3插页 · 263千字

标准书号：ISBN 978-7-111-54787-7

定价：39.00元

电话服务　　　　　　　　网络服务

客服电话：010-88361066　机 工 官 网：www.cmpbook.com
　　　　　010-88379833　机 工 官 博：weibo.com/cmp1952
　　　　　010-68326294　金 书 网：www.golden-book.com

**封底无防伪标均为盗版**　机工教育服务网：www.cmpedu.com

前言

　　3D打印技术是一种区别于传统制造工艺的先进制造技术，它可以将3D数字模型转变为真实的实物模型，因此可以帮助人类实现许多设想。因为3D打印个性化服务和数字化制造的技术特点非常契合我国发展先进制造业的目标和要求，且它可以与物联网、云计算、机器人等实现融合发展，因此迅速成为高端装备制造行业的关键环节。它不仅是"工业4.0"时代的核心技术，也是推进实施"中国制造2025"战略的重要技术之一。

　　随着3D打印技术在我国的不断发展和普及，行业及应用领域对相关人才的需求也在急剧增长。3D打印技术专业人才的匮乏也在一定程度上限制了3D打印产业的进一步发展。在此背景下华唐集团与国内有代表性的职业院校合作进行了3D打印增材制造技术系列教材的开发，以满足全国职业院校培养专业3D打印技术人才的需求。本书对3D打印技术的基础原理、行业应用、发展前景、就业岗位进行了介绍，为后期深入学习相关核心知识和技能打下基础，并对未来可以从事的职业领域和岗位进行了介绍，以便学生提前为自己的职业发展做出合理的规划。

　　本书采用了模块化的编写方式，在编写过程中力求体现趣味性、易学性的特点，加入了丰富的案例和图片，结合职业院校学生的学习特点，每个模块都安排有课前讨论、知识储备、扩展阅读、课堂讨论、模块任务、模块练习等学习环节，非常适合职业院校的学生进行探究式学习。本书共分为7个模块：模块1主要介绍3D打印技术的产生和发展、基础原理和主要材质；模块2通过生动案例展示3D打印的具体操作流程；模块3剖析了目前主流的3D打印技术，包括光固化成型技术（SLA）、选择性激光烧结技术（SLS）、熔融沉积快速成型技术（FDM）、三维打印成型技术（3DP）和薄材叠层制造成型（LOM）；模块4介绍了目前主要的3D打印机的类型，并讲述了机器的维护和保养方法；模块5介绍了3D打印技术目前在各个行业领域的应用；模块6分析了3D打印技术的优劣势以及未来的发展方向；模块7介绍了3D打印行业主要岗位及其职业能力要求。

　　本书由国内著名职业教育科研机构华唐教育集团董事长曹明元先生担任主编，由华唐集团总经理何怀义、上饶职业技术学院院长刘秀峰担任副主编。参编人员及具体分工如下：中国人民大学王丹博士编写了模块1，乌审旗职业中学刘鹏编写了模块2，江西师范高等专科学校胡玉军、上饶职业技术学院钱国华编写了模块3，新余学院习志军编写了模块4、抚州职业技术学院胡阁林编写了模块5、胶州职教中心周庆华编写了6.1节，长沙县职业中专学校张军编写了6.2节和6.3节，华唐集团劾文颖编写了模块7。

　　在教学方式上建议学校采用理实一体化教学模式，课程安排在第一学年下学期或者第二学年上学期，学时为70左右。

　　由于编者水平有限，书中难免存在不足之处，恳请读者批评指正。

编　者

目录

# 目录

# 模块 1

## 了解3D打印

　　当前3D打印技术正逐渐进入人们生活的方方面面，未来人们将利用这项技术来直接打印出各式各样的生活用品，彻底改变人们的生活方式。或许同学们对这个专业及其未来的就业方向还不太了解，接下来将带领大家逐渐深入地了解3D打印，希望同学们能在有限的时间里掌握相关的专业技能，塑造3D打印行业职业能力，具备一定的职业素养，并且确立自己的职业生涯规划，了解并热爱自己将要从事的3D打印职业。

　　本模块的学习目标如下：

- 了解3D打印产生的背景。
- 了解3D打印的原理。
- 了解3D打印的特点与优势。
- 培养学生对3D打印工作的兴趣，为学生今后的学习打下基础。

# 1.1 3D打印的产生与发展

## ▶ 课前讨论

请同学们根据自己对3D打印的理解，分组讨论以下问题：

● 你了解3D打印技术吗？

● 你觉得3D打印的神奇之处在哪里？

● 你认为在什么情况下人们产生了3D打印的想法？

只有了解了事物产生与发展的原因及背景，才能为掌握该事物的真实面目奠定基础。通过讨论，相信同学们都对3D打印有了一些认识。通过本节课的学习，同学们对3D打印的起源与发展有更深入的了解。

## ▶ 知识储备

虽然直到今天，有些人认为3D打印还是一种新兴事物，但3D打印思想早就有了。在40年前，人们在使用3D CAD（3D计算机辅助技术，20世纪70年代诞生）时就希望将设计方便地"转化"为实物，因此也就有了发明3D打印机的必要。

直到1986年，查尔斯W.赫尔（Chuck Hull）开发了第一台商业3D打印机（见图1-1），3D打印才开始登上历史舞台。因此，查尔斯W.赫尔被人们称为3D打印技术之父。此后，3D打印技术经过了一个不断发展与应用的过程。

图1-1 Chuck Hull与世界上第一台SLA商用
3D打印机SLA-250

1. 3D打印的发展过程

3D打印不是一夜之间出现的新生事物，它经历了一个从萌芽到成长发展的较长过程。

（1）产生期

3D打印的思想源于19世纪末的美国，并在20世纪80年代诞生。长久以来，科学家和技术工作者一直有着一个复制技术的设想，但直到20世纪80年代，3D打印的概念才算真正开始确立。1982年，首次公开实现实体模型印制的是日本名古屋市工业研究所。然而，最常被冠以发明"现代"3D打印机的人是查尔斯W. 赫尔（Chuck Hull）。1984年，他定义了专利术语Stereo Lithography Appearance（光固化成型技术，系统通过创建多个截面的方式生成三维物体对象，见图1-2）。这也标志着3D打印的产生。

图1-2 把设计转化成实物

（2）成长发展期

1993年，麻省理工学院获得授权，开始开发基于3DP技术的3D打印机，之后3D打印技术的发展便一发不可收拾。中国物联网校企联盟称3D打印为"19世纪的思想，20世纪的技术、21世纪的市场"。

成立于1990年的美国Stratasys公司率先推出了基于熔融沉积造型（Fused Deposition Modeling，FDM）技术的快速成型机，并很快发布了基于FDM技术的Dimension系列3D打印机。由于FDM技术有其得天独厚的优势，适合汽车、家电、电动工具、机械加工、精密铸造以及工艺品制作等领域使用，因此Stratasys的FDM快速成型机发展迅速，目前在全球RP市场已经占有近一半的比例。

我国对3D打印技术也同样有着强烈的需求。自20世纪90年代初，国内就有多所高校开始进行具有自主知识产权的快速成型技术的研发。目前，国内快速成型技术在研究队伍、资金投入和普及范围等方面还有很长的路要走。相比而言，港台地区的快速成型技术应用更为广泛。港台地区相比内地快速成型技术起步早，很多高校、企业都有自己的3D打印设备。但该地区的快速成型技术一般是应用与推广，而非自主研发。

## 补充知识 ●●●●

## 3D打印发展大事记

1986年，Chuck Hull发明了光固化成型技术工艺，利用紫外线照射将树脂凝固成型，以此来制造物体，并获得了专利。随后他离开了原来工作的Ultra Violet Products，并生产了第一台3D打印机SLA-250，其体型非常庞大。

1988年，Scott Crump发明了另外一种3D打印技术——熔融积压成形（FDM），利用蜡、ABS、PC、尼龙等热塑性材料来制作物体，随后也成立了一家名为Stratasys的公司。

1989年，C.R.Dechard博士发明了选区激光烧结技术（SLS），利用高强度激光将尼龙、蜡、ABS、金属和陶瓷等材料粉末烤结，直至成型。

1993年，麻省理工学院教授EmanuaI Sachs创造了三维打印技术（3DP），将金属、陶瓷的粉末通过粘结剂粘在一起成型。1995年，麻省理工学院的毕业生Jim Bredt和TimAnderson修改了喷墨打印机方案，变为把某种具有粘合性的溶剂挤压到粉末床，而不是把墨水挤压在纸张上的方案，随后创立了现代的三维打印企业Z Corporation。

1996年，3DSystems、Stratasys、Z Corporation分别推出了型号为Actua 2100、Genisys、2402的3款3D打印机产品，第一次使用了"3D打印机"的称谓。

2005年，Z Croooration推出了世界上第一台高精度彩色3D打印机——Spectrum z510。同一年，英国巴恩大学的Adrian Bowyer发起了开源3D打印机项目RepRap，目标是通过3D打印机本身制造出另一台3D打印机。

2008年，第一个基于RepRap的3D打印机发布，代号为"Darwin"，它能够打印自身50%的元件，体积仅有一个箱子大小。

2010年11月，第一台用巨型3D打印机打印出整个身躯的轿车出现，它的所有外部组件都由3D打印机制作完成，包括用Dimension 3D打印机和由Stratasys公司数字生产服务项目RedEye on Demand提供的Fortus3D成型系统制作完成的玻璃面板。

2011年6月6日，全球第一款3D打印的比基尼泳衣问世；7月，英国研究人员开发出世界上第一台3D巧克力打印机；8月，南安普敦大学的工程师们开发出世界上第一架3D打印的飞机（见图1-3）；9月，维也纳科技大学开发了更小、更轻、更便宜的3D打印机，这个超小3D打印机重1.5kg，报价约1200欧元。

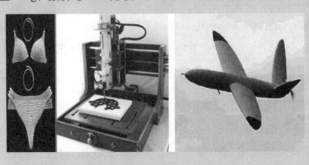

图1-3 全球第一款3D打印的比基尼泳衣、巧克力和飞机

2012年3月，维也纳大学的研究人员宣布利用二光子平板印刷技术突破了3D打印的最小极限，展示了一辆长度不到0.3mm的赛车模型。7月，比利时的International UniversIty College Leuven的一个研究组测试了一辆几乎完全由3D打印的小型赛车，世界首辆3D打印赛车完成测试，最高速度为141km/h。12月，美国分布式防御组织成功测试了3D打印的枪支弹夹。2012年11月，苏格兰科学家利用人体细胞首次用3D打印机打印出人造肝脏组织。

2013年10月，全球首次成功拍卖一款名为"ONO之神"的3D打印艺术品。2013年11月，美国德克萨斯州奥斯汀的3D打印公司"固体概念"（SolidConcepts）设计制造出3D打印金属手枪。

（3）广泛应用期

进入21世纪后，3D打印技术逐渐被大众所接受，特别是在2010年之后，随着技术的进步，3D打印除了在产品设计、建筑设计、工业设计、医疗用品设计等领域发挥作用外，在电影动漫、气象、教育、食品行业等领域也在不断发挥其独特的作用。

目前，3D打印技术在国内已取得了良好的发展成果。科研方面的应用发展相对较快，一些科研成果已经被用到航空航天以及生物、医学等尖端领域。一些中小企业成为国外3D打印设备的代理商，经销全套3D打印设备，专门为相关企业的研发、生产提供服务。目前，国内也出现了一些3D打印技术的创意打印商店（见图1-4），正处于发展阶段。

图1-4　3D打印创意店作品

2．3D打印技术快速发展的原因

价格下降和技术进步是3D打印迅速发展的两个重要原因。

（1）价格下降

最早的Stratasys 3D打印机每台售价高达13万美元。Stratasys 在成立3年后才卖出自己的第一台3D打印机。现在，普通3D打印机的价格已降至2000美元左右，国产3D打印机甚至只需约1000美元。价格的下跌，直接促成了3D打印机进入寻常百姓家。

近30年间，3D打印材料也由一种到多种，材料的制造工艺也在不断进步与发展。随着劳动生产率的提高，不仅3D打印机的价格在不断下降，而且配套的打印材料和零部件的价格也在下降，让越来越多的人能够接受和使用。3D打印从打印单一材料的模型到直接打印多种材料的产品，越来越能够满足人们的多样化需求，3D打印机正日益成为一台能制造万物的家用神奇机器。

（2）技术进步

近年来，3D打印技术在国内也取得了较好的发展，科研方面的应用相对发展较快，一些科研成果已经被应用到航空航天及生物、医学等尖端领域。自20世纪90年代以来，国内多所高校开展了3D打印技术的自主研发。清华大学在现代成型学理论、分层实体制造、FDM工艺等方面都有一定的科研优势；华中科技大学在分层实体制造工艺方面有优势，并已推出了HRP系列成型机和成型材料；西安交通大学自主研制了三维打印机喷头，并开发了光固化成型系统及相应的成型材料，成型精度达到0.2mm；中国科技大学自行研制了八喷头组合喷射装置，有望在微制造、光电器件领域得到应用。这些大学已经实现了一定程度的产业化，成立了制造公司，部分公司生产的便携式桌面3D打印机的价格已具有国际竞争力，成功进入欧美市场。

目前，国产3D打印机在打印精度、打印速度、打印尺寸和软件支持等方面虽然在不断提升，但是技术水平还有待进一步发展。在服务领域，我国东部发达城市已有企业应用进口3D打印设备开展了商业化的快速成型服务，其服务范围涉及模具制作、样品制作、辅助设计、文物复原等多个领域。

 扩展阅读 ●●●●

### 当隐身超材料邂逅3D打印

中南大学教授黄小忠手中拿的是一块看似平淡无奇的灰黑色正方形平板，大小和厚度像常见的平板电脑。不一般的是，板上密密麻麻整齐排列着极其细小的锥形凸起，每一个锥形体细到堪比绣花针（见图1-5）。

图1-5　3D打印吸波材料

"这叫3D打印吸波材料，通俗地说，就是一种可以隐身的超材料。"黄小忠说，手里的这块"超材料"其实可以用3D打印成平面、曲面等任何形状，表面的锥形结构则是电磁波吸收体。

隐身技术的主要原理就是用吸波材料吸收包括光在内的电磁波，不让光线或者电磁波反射回人眼或雷达之类的电磁波接收器。通过实际测试，黄小忠手中的这种超材料在微波段有很好的吸收作用。"举个例子，雷达通过发射微波去探测目标，如果用这种超材料给无人机披上'隐身外衣'，那么也许就能避开雷达的侦察。""超材料最核心的是设计，什么成分放在哪个位置是实现隐身性能的关键……最难的是怎么制造出来，最终达到工程化制造也就是大规模生产。"黄小忠偶尔一次和3D打印机接触，立刻意识到3D打印这种快速成型技术很适合超材料的制造——通过逐层打印，最小处理结构甚至能达到10μm。于是，黄小忠带领研究团队，通过复杂的计算机设计，并精心选择、调配有机物和金属两种材料作为打印原料，最终用特制的3D打印机打印出了这种超材料，也申请了专利。"现在这块板的边长是18cm，未来要打印出具有实用性的几米长的大件，大概还要3～5年。"

对于使用3D打印机规模化制造超材料的应用前景，黄小忠觉得想象空间很大：未来太空隐形飞行器的零部件，可以迅速打印出来进行更换。目前，普通人对空气净化器的关注度很高，其实生活中还存在手机、家用电器等不少电磁污染。说不定等到3D打印机能够大规模制造隐身超材料时，家用电磁净化器就会诞生了。

在即将进入的工业4.0时代，飞速发展的3D打印技术为第四次工业革命拉开了序幕。3D打印技术不断地被应用在珠宝、鞋类、工业设计、建筑、工程和施工、汽车、航天航空、牙科和医疗产业、教育、地理信息系统、土木工程等领域。随着3D打印技术的飞速发展，3D打印已不再只是一种想象，而是逐渐走入寻常百姓家，在人们日常生活的衣、食、住、用、行等方面开始发挥巨大的作用。

## ▶ 课堂讨论

4人一组分组进行讨论，时间为5min，组内代表进行总结发言。

说一说你儿时有哪些想要实现但看似不可能的愿望？

_____

_____

你觉得3D打印机可以帮你实现吗？

_____

_____

# 1.2 3D打印的原理

## ▶ 课前讨论

根据前面学习的内容以及你自己对3D打印技术的了解，讨论以下问题：

● 3D打印和平面印刷有什么区别和联系？

● 3D打印的原理是什么样的？

● 根据你所熟悉的平面印刷的过程，说一说你觉得要打印出一个立体的物品需要哪些步骤？

## ▶ 知识储备

### 1. 3D实物的成型方法

中国出土的4000年前的古漆器用粘结剂把丝麻粘接起来铺敷在底胎上，待漆干后挖去底胎成型；古埃及人早在公元前就已将木材切成板后重新铺叠，制成类似于现代胶合板的叠合型材，这些都体现了"成型"的思想。3D实物的获取方法可分为以下4种：受迫成型、去除成型、离散/堆积成型、生长成型（见图1-6）。

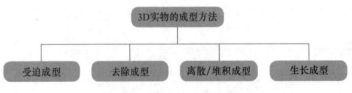

图1-6  3D实物的成型方法

（1）受迫成型

受迫成型是成型材料受压力的作用而成型的方法。例如，金属材料成型的冷冲压成型、锻压成型、拉伸成型、挤压成型以及铸造成型等，非金属材料成型如塑料注射成型、塑料挤压成型、塑料吹塑成型和压制成型等。它们都是靠模具成型的，所以都属于受迫成型。

（2）去除成型

去除成型是人类从开始制作工具到现代化生产一直沿用的主要成型方法。通过刀具切割加工、磨削加工以及电火花加工，把一个毛坯上不要的部分切削掉，留下需要的部分，即一种从"1"到"1"的加工过程，就是传统的去除成型。不管机床发展有多先进，自动化程度和精度有多高，凡是使用普通机床、数控机床、加工中心等类的机床加工都属于去除成型的范畴。

（3）离散/堆积成型

与传统制造方法不同，离散/堆积成型是从零件的CAD实体模型出发，通过软件分层离散和数控成型系统，用层层加工的方法将成型材料堆积而形成实体零件。它是一种从"0"到"1"的加工过程。由于它把复杂的三维制造转化为一系列的二维制造，甚至是单维制造，因而可以在不用任何夹具和工具的条件下制造任意形状的零部件，极大地提高了生产效率和制造柔性。

（4）生长成型

生长成型（或仿生成型）是指模仿自然界中生物生长方式而成型的方法。它是一项生物科学与制造科学相结合的产物，将生长和成型融为一体。根据生物体的生长信息、细胞分化来复制自身，以形成一个具有特定形状和功能的三维体。

2．3D打印的基本原理

3D打印技术是基于"离散/堆积成型"的成型思想，用层层加工的方法将成型材料"堆积"而形成实体零件，也称为"快速成型技术"或"叠加制造技术"。从原理上来说，3D打印需要通过计算机辅助设计（CAD）或计算机动画建模软件建模，再将建成的三维模型"切片"成逐层的截面数据，并把这些信息传送到3D打印机上，3D打印机会把这些切片堆叠起来，直到一个固态物体成型。

"3D打印"层层印刷的原理和喷墨打印机类似，打印机内装有液体或粉末等"打印材料"，与计算机连接后，通过计算机控制，采用分层加工、叠加成型的方式来"造型"，会将设计产品分为若干薄层，每次用原材料生成一个薄层，一层一层叠加起来，最终将计算机上的蓝图变为实物（见图1-7）。

普通打印机的打印材料是墨水和纸张，而3D打印机内装有金属、陶瓷、塑料、砂等不同的"打印材料"，是实实在在的原材料。3D打印机是可以"打印"出真实的3D物体的一种设备，如打印机器人、打印玩具车，打印各种模型，甚至是食物等。之所以通俗地称其为"打印机"是参照了普通打印机的技术原理，因为分层加工的过程与喷墨打印十分相似。

3D打印成型技术可以分成若干种不同的工艺，每一种成型工艺的成型方法和材料都有区别，但是共同点都是一层一层打印切片的模型。有的材料是粉末状的，通过激光照射出每一层的形状，将成型区域的粉末熔化，然后一层一层堆叠成最后的原型；有的材料是液体树脂，通过激光照射将成型区域的树脂固化成固体，一层一层堆叠成最后的原型；还有的是丝状的塑料，通过高温熔化，将塑料丝从喷嘴里熔化挤出，根据每一层的成型区域来一层一层堆叠，最终成为实物（见图1-8）。这些加工过程仅需确定所需塑料、树脂、金属等物料，材料耗费仅相当于传统制造的1/10，而误差可轻易控制到0.1mm之内。它无须生产线，即可制造那些常规方法无法生产的奇形怪状的零件。

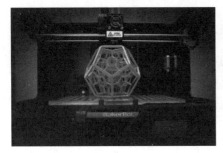

图1-7  工作中的3D打印机　　　　　　　　　　图1-8  3D打印作品

## 3D打印技术一词的由来

2011年5月，美国的主流刊物、投资产业和CAD工艺界3个有影响力的传媒体系都用到了"3D打印"一词。自那以后，3D打印术语在博客、教育和其他地方以其宽泛的意义获得了广泛传播。官方的行业标准术语应该叫"叠加制造技术"，而3D打印技术已成为公认的"工业"术语，并且比"叠加制造技术"更受欢迎。所以，人们现在把基于"离散/堆积成型"的成型技术统称为3D打印技术。

3D打印技术，或者说"离散/堆积成型"技术，是20世纪80年代末～90年代初发展起来的先进的产品开发与快速加工制造技术，其核心是基于数字化的新型成型技术。它突破了传统的加工模式，不需机械加工设备即可快速地制造形状极为复杂的工件，被认为是近20年制造技术领域的一次重大突破。它集机械工程、CAD、逆向工程技术、分层制造技术、数控技术、材料科学、激光技术于一身，可以自动、直接、快速、精确地将设计思想转变为具有一定功能的原型或直接制造零件，从而为零件原型的制作、新设计思想的校验等方面提供了一种高效率、低成本的实现手段。

作为一种概念，3D打印技术包含各种不同的成型工艺，不同的成型工艺又有各自对应的成型材料以及成型设备。例如，粉末材料和粉末成型机的匹配，就是3D打印技术中的三维印刷技术（3DP）；塑料ABS材料和喷塑成型机匹配，就是熔丝沉积制造技术（FDM）。3D打印技术虽然包含各种不同的成型工艺，但是它们的成型思想和基本流程都是相同的。

（资料来源：《3D打印——面向未来的制造技术》）

▶ 课堂讨论

4人一组分组进行讨论，时间为5min，组内代表进行总结发言。

在了解了3D打印的原理之后，你认为3D打印机应该由哪些部分组成？

_____

_____

尝试向同伴讲一个有关3D打印的故事。

_____

_____

# 1.3　3D打印的材质

## 课前讨论

所有的材质都适合用于3D打印吗？想一想，讨论以下问题：

● 你觉得哪些材料可以用于3D打印？

● 你认为3D打印的材质需要符合哪些特点？

● 你最想打印哪种材质的3D物品？

## 知识储备

　　3D打印技术的兴起和发展离不开3D打印材料的发展。3D打印有多种技术种类，如SLS、SLA和FDM等。每种打印技术的打印材料都是不一样的，如SLS常用的打印材料是金属粉末，而SLA通常用光敏树脂，FDM采用的材料比较广泛，如ABS塑料、PLA塑料等。

根据3D打印的原理，在理论上，只要使用与模型相同的材质，就能打印出和模型几乎一模一样的东西。因此，对3D打印来说，耗材是打印是否成功的重要因素。例如，只有使用与饼干相同的面粉作材料，打印出来的饼干才是可以吃的；使用塑料、大理石粉等材料打印出来的只能是饼干的模型。其实，3D打印技术本身并不复杂，但寻找可用的耗材却是难点。普通打印机的耗材是墨水和纸张，但3D打印机的耗材必须经过特殊处理，对材料的固化反应速度也要求很高。

根据业内领先的厂商的报告，目前3D打印的材料已经超过了200种。从直接数字制造角度来看，200多种材料还是非常有限的，因为现实中产品非常多，生产材料及其组合也是纷繁复杂的。目前，比较普及的3D打印耗材包括PLA塑料、ABS塑料、尼龙铝粉材料、人造橡胶、铸造蜡和聚酯热塑性塑料、金属粉末、陶瓷粉末、石膏粉末等。其中ABS（Acrylonitrile Butadiene Styrene，丙烯腈、丁二烯和苯乙烯的共聚物）塑料是一种用途极广的热塑性工程塑料。人造橡胶、金属粉末等也都具有热塑性，这是对3D打印耗材的一个基本要求，一些汽车的零部件就是用这样的耗材打印出来的。

1．常见3D打印材料介绍

（1）ABS塑料类

ABS是FDM最常用的打印材料（见图1-9），目前有多种颜色可以选择，是消费级3D打印机用户最喜爱的打印材料，如打印"乐高"类型的很多玩具，制作很多创意家居饰件等。ABS材料通常是细丝盘装，通过3D打印喷嘴加热熔解打印。由于喷嘴喷出之后需要立即凝固，喷嘴加热的温度控制在ABS材料热熔点高出1～2℃，不同的ABS由于熔点不同，对于不能调节温度的喷嘴是不能通配的。这也是最好在原厂商购买打印材料的原因。

图1-9　ABS塑料

（2）PLA塑料类

PLA（Poly Lactice Acid，生物降解塑料聚乳酸）塑料熔丝也是一种非常常用的打印材料（见图1-10）。尤其是对于消费级3D打印机来说，PLA可以降解，是一种环保的材料。PLA一般情况下不需要加热床，这一点不像ABS，所以PLA容易使用，而且更加适合低端的3D打印机。PLA有多重颜色可以选择，而且还有半透明的红、蓝、绿以及全透明的材料。PLA的通用性也有待提高。

图1-10　PLA塑料

## ABS和PLA材料的区别

聚乳酸（PLA）是一种新型的生物降解材料，使用可再生的植物资源（如玉米）所提出的淀粉原料制成，力学性能及物理性能良好。聚乳酸适用于吹塑、热塑等各种加工方法，加工方便，应用十分广泛，相容性与可降解性良好。聚乳酸在医药领域的应用也非常广泛，如可生产一次性输液用具、免拆型手术缝合线等，低分子聚乳酸作药物缓释包装剂等。

聚乳酸除了有生物可降解塑料的基本的特性外，还具备自己独有的特性。传统生物可降解塑料的强度、透明度及对气候变化的抵抗能力皆不如一般的塑料。聚乳酸（PLA）和石化合成塑料的基本物性类似。也就是说，它可以广泛地用来制造各种应用产品。聚乳酸也拥有良好的光泽性和透明度，和利用聚苯乙烯所制的薄膜相当，是其他生物可降解产品无法提供的。聚乳酸（PLA）具有良好的抗拉强度及延展度，可以用于各种普通加工生产方式，如熔化挤出成型、射出成型、吹膜成型、发泡成型及真空成型，与目前广泛使用的聚合物有类似的成型条件。此外，它也具有与传统薄膜相同的印刷性能。

ABS树脂是目前产量最大、应用最广泛的聚合物。它将PS、SAN、BS的各种性能有机地统一起来，兼具韧、硬、刚相均衡的优良力学性能。ABS是丙烯腈、丁二烯和苯乙烯的三元共聚物，A代表丙烯腈，B代表丁二烯，S代表苯乙烯。

ABS塑料一般是不透明的，外观呈浅象牙色，无毒、无味，兼有韧、硬、刚的特性，燃烧缓慢，火焰呈黄色，有黑烟，燃烧后塑料软化、烧焦，发出特殊的肉桂气味，但无熔融滴落现象。

ABS塑料具有优良的综合性能，有极好的冲击强度，尺寸稳定性好，电性能、耐磨性、抗化学药品性、染色性、成型加工和机械加工性较好。ABS树脂耐水、无机盐、碱和酸类，不溶于大部分醇类和烃类溶剂，而容易溶于醛、酮、酯和某些卤代烃中。

打印ABS材料与打印PLA聚乳酸的区别如下：

1）打印PLA时，有棉花糖气味，不像ABS那样有刺鼻的气味。

2）PLA可以在没有加热床的情况下打印大型零件模型而边角不会翘起。

3）PLA的加工温度是200℃，ABS在220℃以上。

4）PLA具有较低的收缩率，即使打印较大尺寸的模型时也表现良好。

5）PLA具有较低的熔体强度，打印模型更容易塑形，表面光泽性较好，色彩艳丽。

6）PLA是晶体，ABS是一种非晶体。当加热ABS时，会慢慢转换为凝胶液体，不经过状态改变。PLA像冰冻的水一样，直接从固体到液体。因为没有相变，ABS不吸喷嘴的热能。部分PLA使喷嘴堵塞的风险更大。

如何判断材料是PLA还是ABS？

从表面上很难判断，对比观察，ABS呈亚光，而PLA很光亮。加热到195℃，PLA可以顺畅挤出，ABS不可以。加热到220℃，ABS可以顺畅挤出，PLA会出现鼓起的气泡，甚至被碳化。碳化会堵住喷嘴，非常危险。

（3）亚克力类材料

亚克力源自英文acrylic，意指由有机化合物甲基丙烯酸甲酯单体（Methyl Methacrylate，MMA）所制成的PMMA板，其透明与透光度如同玻璃一般。将所有由透明塑料（如PS、PC等）或由劣质回收MMA所制成的板材统称为有机玻璃。亚克力（有机玻璃）材料表面光洁度好，可以打印出透明和半透明的产品（见图1-11）。目前，利用亚克力材质，可以打印出牙齿模型用于牙齿矫正的治疗。

图1-11　亚克力（Acrylic）类材料

（4）尼龙铝粉材料（Alumide）

尼龙铝粉就是在尼龙的粉末中掺杂一部分铝粉，通过SLS技术进行打印，使打印出的成品具有金属的光泽。当铝粉含量从0增大到50%时，所制成品的热变形温度、拉伸强度、弯曲强度、弯曲模量及硬度比单纯尼龙烧结件分别提高了87℃、10.4%、62.1%、122.3%及70.4%。此外，烧结件的拉伸强度、断裂伸长率、冲击强度也随着铝粉平均粒径的减小而增大。这种材料经常用于装饰品和首饰的创意产品的打印中（见图1-12）。

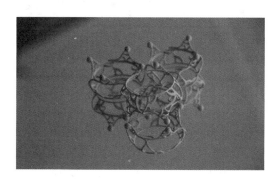

图1-12 尼龙铝粉材料打印制品

（5）陶瓷粉末（Ceramic）

陶瓷粉末采用SLS进行烧结（见图1-13）。上釉陶瓷产品可以用来盛食物，很多人用陶瓷来打印个性化的杯子。当然3D打印并不能完成陶瓷的高温烧制，需要在打印完成之后进行高温烧制。

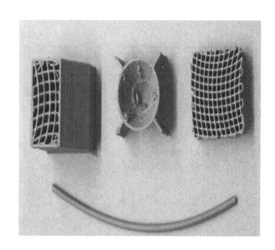

图1-13 打印材料陶瓷及其打印制品

（6）树脂材料（Resin）

树脂通常是指受热后有软化或熔融范围，软化时在外力作用下有流动倾向，常温下是固态、半固态，有时也可以是液态的有机聚合物。一般不溶于水，能溶于有机溶剂。树脂按来源可分为天然树脂和合成树脂；按其加工行为又有热塑性树脂和热固性树脂之分。树脂是SLA光固化成型的重要原料，其变化种类很多，有透明的、半固体状的（见图1-14），可以制作中间设计过程模型。由于其成型精度比FDM高，因此可以作为生物模型或医用模型。

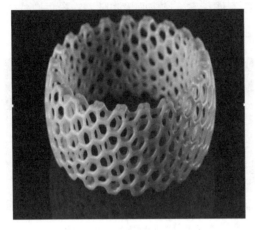

图1-14　树脂材料打印制品

（7）不锈钢材料（Stainless Steel）

不锈钢以其漂亮的外观、耐腐蚀的特性、不易损坏的优点，越来越受到人们的喜爱。锅碗瓢盆、城市雕塑、建筑、装修居室等使用不锈钢的越来越多。不锈钢坚硬，而且有很强的牢固度。不锈钢粉末采用SLS技术进行3D烧结，可以选用银色、古铜色及白色。不锈钢可以制作模型、现代艺术品以及很多功能性和装饰性的用品（见图1-15）。

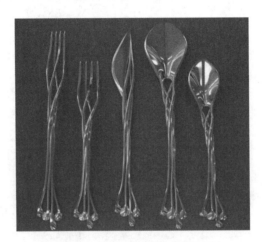

图1-15　不锈钢材料打印制品

（8）彩色打印材料

彩色打印有两种情况，一种是两种或多种颜色的相同或不同的材料从各自的喷嘴中挤出，最常用的是消费级的FDM双喷嘴的打印机，通过两种或多种材料的组合来形成有限的色彩组合。另外一种是采用喷墨打印机的原理，通过不同的染色剂的组合，和粘结剂混合注入打印材料粉末中进行凝固，理论上这种技术可以打印出"真彩"的3D物品（见图1-16）。打印材料通常选择树脂、聚丙乙烯或ABS。"全彩"打印技术最成熟的是3D Systems公司，其次是以色列的Objet公司（已经与美国Stratasys公司合并）。

图1-16　彩色打印材料制品

2．特殊3D打印材料介绍

随着技术的发展和应用范围的扩大，出现了一些特殊的3D打印材料。

（1）人造骨粉

如果人体的骨头不幸受伤，那么传统的骨头移植手术会使用病患者其他部位的骨头或是利用陶瓷来代替。最近，加拿大有一所大学正在研发"骨骼打印机"，利用3D打印技术，将人造骨粉转变成精密的骨骼组织。骨骼打印机使用的材料是一种类似于水泥的人造粉末薄膜，也叫"人造骨粉"。打印机会在用骨粉制作的薄膜上喷洒一种酸性药剂，使薄膜变得坚硬。这个过程会一再重复，形成一层又一层的粉质薄膜。最后，精密的"骨骼组织"就被创造出来（见图1-17）。

图1-17　3D打印骨骼

（2）巧克力等食品级原料

巧克力、可可粉、砂糖甚至肉制品都可以作为3D打印材质来"打印"美味食品（见图

1-18）。3D食物打印机是一种可以把食物"打印"出来的机器。它使用的不是墨盒，而是把食物的材料和配料预先放入容器内，再输入食谱，按下程序开关，余下的烹制程序会由它去做，输出来的不是一张又一张的文件，而是真正可以吃下肚的食物。

由国外一家"科学实验室"制作完成的砂糖3D打印机CandyFab 4000 通过喷射加热过的砂糖，可以做出美味又好看的甜品。美国宾夕法尼亚大学用改进的3D打印技术打印出的鲜肉让人又惊又喜。打印肉关键在于原材料的调配，"3D肉"利用实验室培养出来的细胞介质生成的类似鲜肉的替代物质，用水基溶胶为粘合剂，再配合特殊的糖分子结构制成。这可以说是目前"最美味可口"的3D打印材质了。

图1-18　3D打印食品

（3）生物细胞

作为一种生物制造技术，细胞的3D打印是其中的技术基石。通过3D打印技术将细胞作为材料层层打印在生物支架（基质）材料上，通过准确定位，形成具备生物特性的组织（见图1-19）。

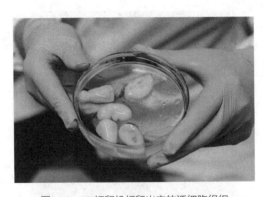

图1-19　3D打印机打印出来的活细胞组织

如果细胞打印进展顺利，那么人类的健康问题将得到极大的改善。这些具备生物特性的组织不仅可以作为很好的医学研究工具，还可以根据病体的需要进行器官移植和修复，用来进行药物筛选的试验，制作药物研发领域的药物筛选模型，弥补现阶段蛋白筛选直接到动物体筛选的技术缺失，提高药物筛选率，大大缩短新药的研发时间。

## 见识特殊打印介质

其实，3D打印和传统打印的关联性并不强，当然很多3D打印技术也是借助喷嘴来对材料进行固化。下面介绍一下可固化的材料。

首先就是各种高温熔融成型技术的材料。从某种意义上说，凡是可以进行高温加热——液态——冷却定型固化的材料都可以进行3D打印，如金属或其合金的粉末（见图1-20）。在北京举办的一个小规模的3D打印相关的展览上，有幸拍摄到了这些材料，这其中就有打印飞机用的3D打印的钛合金材料（见图1-21）。

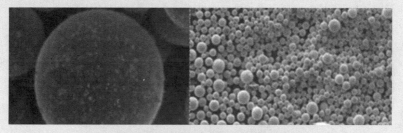

图1-20  3D打印飞机用的钛合金粉末（微观上是球形）

图1-21  钛合金材料的大型飞机构件

说到3DP技术，不得不提的是Exone公司，他们的材料在固化后具有非常好的耐高温性能，所以这个公司只生产用来铸造的模具，通过喷出耐高温的固化剂来固化砂子，其打印出来的模型直接就能用来铸造（见图1-22）。

图1-22  3D打印的沙质模具

当然与ExOne相反，很多公司的办法是打印一个蜡质的模型出来，然后放在砂子中，当液态的高温金属浇筑进去后蜡质就会升华挥发，留下的空间被金属液体填满，冷却后就是想要的构件（见图1-23）。

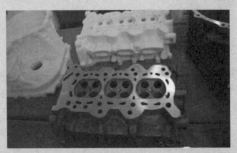

图1-23　3D打印的蜡质材料和铸造出来的成品

水晶材料并不是无机物的结晶，而是一种透明度很高的有机化学材料，是一种树脂。这种树脂的特点是透明度高，非常清澈。由于激光的光头前面有聚焦镜，因此可以非常精确地对激光的光斑进行聚焦，进而决定在水晶内部，哪个地方聚焦的能量最大而产生裂痕和小气泡。所以，只需要一个激光头，就能通过不断地改变焦距和激光头的位置在水晶内部进行3D的刻画创作。现在杭州的一家3D照相馆就是通过这种技术结合3D扫描，来实现水晶内部的3D雕刻人像（见图1-24）。

图1-24　3D打印水晶制品

## ▶ 课堂讨论

4人一组分组进行讨论，时间为5min，组内代表进行总结发言。

你认为还有哪些耗材可以作为3D打印材料？

_____

_____

你认为3D打印的优缺点有哪些？

_____

_____

## ▶ 模块总结

　　本模块学习了3D打印产生和发展的背景，了解了不同工艺的3D打印机的工作原理，即使用3D打印机将3D建模数据进行层层加工，不同3D打印机的使用材料是不一样的，相同工艺的打印机使用的材料一定是具有相同的形状特性的，如粉末状、丝状、液体状。

　　说一说学习完本模块后你有哪些收获和感悟。接下来，根据要求完成以下模块任务和模块练习。

## ▶ 模块任务

● **任务背景**

　　周末你从学校回到家，妈妈问你本学期开设了什么课程。你告诉妈妈开设了"3D打印技术概论"这门课程，可是你妈妈对3D打印几乎一无所知，她对此非常好奇，就问了你一些关于3D打印方面的问题。你开始用课堂上学到的知识为妈妈答疑解问，普及3D打印方面的基础知识。

● **任务形式**

教师根据学生人数，把学生分组，每组两名同学进行角色扮演。

● **任务介绍**

一名同学扮演妈妈，向另一名同学提问；另一名同学根据课堂学到的知识进行回答。

● **任务要求**

任务开始后有10min演练时间，教师可请两组同学上台进行展示。其他同学对每组同学的表现进行点评。期间，教师对小组进行引导、时间提示，最后对小组的表现进行总结。

　　附：问题设计样例

　　a）什么是3D打印？

　　b）3D打印是怎样产生的？

　　c）3D打印的材质有哪些？

● 任务总结

1）_____

2）_____

3）_____

# 模块练习

1）用思维导图的形式概括出本模块学习的主要内容。

2）课后查阅资料，了解3D打印的相关技术。

# 模块2

# 3D打印的流程 ◀

在上一个模块中，已经了解了3D打印产生与发展的过程，以及3D打印的原理和材质。3D打印技术虽然包含各种不同的成型工艺，但它们的成型思想和基本流程都是相同的，3D打印的必要过程有建模和打印两个步骤，根据实际情况，有时还需要在建模之前进行扫描，并在打印之后进行抛光、上色等后期处理（见图2-1）。

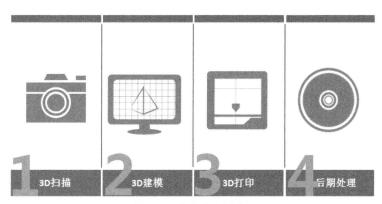

图2-1　3D打印的一般过程

下面是3D打印的具体流程与步骤。

本模块的学习目标如下：

- 了解常用的3D建模软件和模型设计的方法。

- 掌握3D打印的基本要求和成型过程。

- 了解进行产品后期处理的方法和步骤。

- 培养学生对3D打印的兴趣，为学生今后的学习打下基础。

# 2.1 构建3D模型

## ▶ 课前讨论

在正式上课之前，先来讨论以下几个问题：

● 进行模型设计之前需要准备哪些材料？

● 你使用过3ds Max、Photoshop之类的设计软件吗？

● 3D建模设计与二维设计相比，有哪些异同点？

通过讨论，相信同学们对设计3D打印模型有了一些初步的了解和认识。3D打印机在进行物品打印之前，首先要设计良好的打印模型。设计的模型犹如盖房的图纸，如果图纸的设计有问题，那么打印出的模型就不是理想中的形状和样子。所以，3D打印模型的设计是打印成功的前提，需要给予足够的重视。下面介绍3D打印模型设计的基本软件和方法。

## ▶ 知识储备

3D打印的设计过程：先通过计算机建模软件进行建模，再将建成的三维模型"分区"成逐层的截面（即切片），从而指导打印机逐层打印。

设计并构建3D打印模型有以下几种不同的方式：直接通过3D建模软件进行模型设计，使用相应的工具将2D图像转换为3D模型，使用3D扫描仪采集数据后设计并构建打印模型。

1. 利用3D建模软件构建模型

目前，市场上有很多3D建模软件，包括SketchUp、Blender等开源的3D建模产品，以及

CAD、3ds Max、Pro/E、Maya等商业软件。它们专注于不同的领域，如CAD主要应用于工业设计，而Maya主要应用于动画、影视方面。

扩展阅读

## 目前市场上主要的免费3D建模软件介绍

1. 基于网页的3D模型设计软件

（1）3d Tin

3d Tin是一个基于网页的3D模型软件，来自印度。3d Tin界面简单直观，有Chrome等浏览器插件。所有的模型都存在云端，支持输出文件格式为.STL、.DAE、.OBJ。

（2）TinkerCAD

TinkerCAD是一个完全基于网上的3D建模平台和社区。建模与3d Tin类似，直接利用TinkerCAD的在线互动工具可以创建STL文件。TinkerCAD还有一个社区可以分享模型。

2. 免费开源3D模型设计软件

（1）Blender

Blender是最受欢迎的免费开源3D模型制作软件套装。跨平台支持所有的主要操作系统。其功能非常强大，但是上手比较难；一旦学会了，用起来就会非常方便。

（2）OpenSCAD

OpenSCAD是一款基于命令行的3D建模软件，可以产生CSG文件，其特长是制作实心3D模型。它支持跨平台操作系统，包括Linux、Mac和Windows。

（3）Art of Illusion

Art of Illusion是一款免费、开源的3D模型和渲染软件。它的亮点包括细分曲面模型工具、骨骼动画和图形语言。Art of Illusion是在RepRap开源社区使用最广泛的3D模型软件。

（4）FreeCAD

FreeCAD是来自法国Matra Datavision公司的一款开源免费3D CAD软件，基于CAD/CAM/CAE几何模型核心，是一个功能化、参数化的建模工具。FreeCAD的直接用户目标是机械工程、产品设计，当然也适合工程行业内的其他广大用户，如建筑或者其他特殊工程行业。

（5）Wings 3D

Wings 3D是一个开源免费的3D建模软件，适合创建细分曲面模型。Wings 3D的名字来源于它用于存储坐标系和临近数据所使用的翼边数据结构。它支持多种操作系统，包括Linux、Mac和Windows。

（6）BRL-CAD

BRL-CAD是一款强大的跨平台开源实体几何（CSG）构造和实体模型计算机辅助设计（CAD）系统。BBRL-CAD有一个交互式的几何编辑器，光学跟踪支持图形着色和几何分析，计算机网络分布式帧缓存支持，可以进行几何编辑、几何分析，支持分布式网络，图像处理和信号处理工具可以进行图像处理和信号处理。

3. 其他免费的3D模型设计软件

（1）SketchUp

SketchUp是谷歌的一个免费交互式的3D模型程序，不仅适合高级用户，也适合初学者。

（2）Autodesk 123D

Autodesk 123D是欧特克公司的产品，是一个免费3D模型软件，目前只支持Windows操作系统。用户只需要简单拍摄几张照片，就能自动生成3D模型，并能通过Autodesk将3D模型制作成实物。

（3）MeshMixer

MeshMixer是一个3D模型工具，也是Autodesk公司的产品。它能够通过混合现有的网格来创建3D模型，支持Windows和Mac OS X系统。如果你想制作一些类似"牛头马面"的混合3D模型，这是个简单直接的办法。

（4）MeshLab

MeshLab是3D发展和数据处理领域非常著名的软件，是一个网格处理系统。它可以帮助用户处理在3D扫描捕捉时产生的典型无特定结构的模型，还为用户提供了一系列工具编辑、清洗、筛选和渲染大型结构的三维三角网格（典型三维扫描网格）。该系统依靠了网格处理任务GPL的心向量图库。

（5）Sculptris

Sculptris是一款免费的3D雕刻软件，小巧却强大。用户可以像玩橡皮泥一样，进行拉、捏、推、扭等操作。

（6）K-3D

K-3D是一个免费、自由开放的三维建模、动画和渲染工具。它可以创建和编辑3D几何图形（多个实时OpenGL实体、阴影、纹理映射视图），无限制地撤销还原与重做；有很高的可扩展性，还能通过第三方的插件增强功能，这让K-3D成为了非常全面的工具。

（7）MakeHuman

MakeHuman是一款专门针对人物制作、人体建模的3D软件。该软件用C++语言编写完成，界面简单、好用、稳定。这款软件的亮点是可以让用户调整身体和面部细节，保持肌肉运动的逼真度。

在使用3ds Max进行3D打印的模型制作时，首先要考虑两件事情，一是模型的密闭效果（不能有开放边），二是面片的方向要一致。封闭的模型要求不能有开放的边，3D模型必须是一体的。如果把模型当作现实世界中的一个容器，里面装满水，那么漏水的区域一定就是没有封闭的地方，建模时必须先要处理好这种未封闭的开放边。其次要考虑在进行3D打印时，模型面片的分布是否合理，跨度太大的面片会影响模型打印的精度，需要细分处理。

2．基于图像构建3D模型

基于建模软件的3D建模方法主要针对创新性事物的建模工作，要求操作人员具有丰富的专业知识，熟练地使用建模软件。

除了利用3D建模软件进行建模工作之外，还可以利用二维图像进行3D模型构建。这种建模方法需要提供一组物体不同角度的序列照片，利用计算机辅助工具，即可自动生成物体的3D模型。这种方法主要针对已有物体的3D建模工作，操作较为简单，自动化程度很高，成本低，真实感强。Autodesk 123D就是一种基于图像的3D建模软件。

**扩展阅读**

## 拍照片就能3D建模

提起3D建模，大多数人都会感到陌生。的确，这项工作一般都是专业人士才能干的，如建筑/家居设计师、工业产品设计师或者是动漫形象设计者等。他们所使用的软件往往都是3ds Max、Maya之类的专业软件。

最近，AutoCAD的出品公司欧特克提供了免费的3D建模软件Autodesk 123D。只要对着物体拍摄几张照片，AutoCAD 123D就能轻松地为其生成3D模型。

Autodesk 123D是一套免费的三维CAD软件，旨在帮助用户快速将构思成型，并进一步进行深入探究。最重要的是，帮助用户让构思成为现实，梦想成真。我们可以使用一些智能工具来获得更精准度和切实可行的图形文件，首先可以使用该软件绘制一些简单的形状，然后进行编辑、调整，形成更为复杂的设计。

Autodesk 123D Catch利用云计算的强大能力，将用户拍摄的数码照片迅速转换为逼真的三维模型（见图2-2）。只要使用傻瓜相机、手机或数字单反照相机抓拍物体、人物或场景，人人都能利用Autodesk 123D Catch将照片转换成生动鲜活的三维模型。

图2-2　123D Make生成的三维图

推荐一个更有趣的玩法，你可以请朋友对着你的头部拍摄一组照片，然后用Autodesk 123D Catch生成你头部的3D模型。Autodesk 123D Catch还带有内置共享功能，用户在移动设备及社交媒体上也可以共享短片和动画。当制作好3D模型图之后，就需要Autodesk 123D Make登场了。它能够将数字三维模型转换为二维的切割图案。可以用打印机将Autodesk 123D Make生成的二维图在硬纸板上打印出来，然后剪下来进行拼贴。当然更高深的玩法是拿到专业店中，将二维图在木料、布料、金属或塑料等材料表面制作出来，然后拼装成实物。Autodesk 123D Make的设计初衷是为了让用户能够发挥创意，让他们能够在量产产品无法满足要求时，自行创建所需的产品。

不过，目前Autodesk 123D Make 只适合苹果计算机的Mac版。Autodesk 123D 套装中还有一个适合iPad的小程序Autodesk 123D Sculpt。它可以让玩家在iPad尝试很少能接触到的项目雕塑。Autodesk 123D Sculpt 内置了许多基本形状和物品，如圆形、方形、人的头部模型、汽车、小狗、恐龙、蜥蜴、飞机等。使用Autodesk 123D Sculpt内置的造型工具，比真的拿起凿子、雕塑刀要快得多了。通过拉升、推挤、扁平、凸起等操作，Autodesk 123D Sculpt里的初级模型很快拥有极具个性的外形。接下来，通过利用工具栏最下方的颜色及贴图工具，就可以改变模型的颜色，还可以在这些雕塑模型上进行绘画。

3．利用3D扫描仪构建3D模型

三维扫描仪（3D Scanner）是一种科学仪器，用来侦测并分析现实世界中物体或环境的形状（几何构造）与外观数据（如颜色、表面反照率等性质）。搜集到的数据常被用来进行三维重建计算，在虚拟世界中创建实际物体的数字模型。

目前，3D扫描仪大体分为接触式三维扫描仪（见图2-3）和非接触式三维扫描仪（见图2-4）。其中接触式扫描仪的代表是三维坐标测量机，虽然精度达到微米量级（0.5mm），但是由于体积巨大、造价高以及不能测量柔软的物体等缺点，使其应用领域受到限制。非接触式三维扫描仪又分为拍照式三维扫描仪和激光扫描仪。而拍照式三维扫描仪又有白光扫描仪或蓝光扫描仪等，激光扫描仪又有点激光、线激光、面激光的区别。

图2-3　接触式三维扫描仪　　　　　图2-4　非接触式三维扫描仪

三维扫描仪主要有以下两方面的功能：①创建物体几何表面的点云（Point Cloud），这些点可用来插补成物体的表面形状，越密集的点云可以创建越精确的模型（这个过程称为三维重建，见图2-5）。若扫描仪能够取得表面颜色，则可进一步在重建的表面上粘贴材质贴图，即所谓的材质映射（Texture Mapping）。②三维扫描仪可以模拟为照相机，它们的视线范围都呈圆锥状，信息的搜集皆限定在一定的范围内。两者不同之处在于照相机所抓取的是颜色信息，而三维扫描仪测量的是距离。3D扫描仪把物体的三维数据进行扫描后传入系统中，自动生成3D数据模型，如果不需要修改，则进行切片处理并生成打印机可以识别的格式后就可以进行3D打印了。

 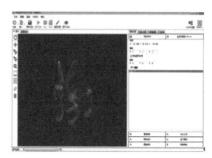

图2-5　3D扫描仪扫描原理

基于3D扫描仪构建3D模型的方法主要是利用3D扫描仪等设备来构建所需模型。通过对物体的3D扫描，获得物体表面每个采样点的3D空间坐标以及色彩信息，最终生成3D模型。其特点在于模型精度较高，一般适用于文物复原、工业生产等。其缺点在于对于物体表面的纹理特征多数仍需要辅助大量的手工工作才能完成，且设备操作较为复杂，价格较为昂贵。

 ● ● ●

### 三维扫描仪的工作原理

拍照式三维扫描仪是一种高速高精度的三维扫描测量设备，应用的是目前国际上最先进的结构光非接触照相测量原理，采用一种结合结构光技术、相位测量技术、计算机视觉技术的复合三维非接触式测量技术。它采用的是白光光栅扫描，以非接触三维扫描方式工作，全自动拼接，具有高效率、高精度、高寿命、高解析度等优点，特别适用于复杂自由曲面逆向建模，主要应用于产品研发设计（RD，如快速成型、三维数字化、三维设计、三维立体扫描等）、逆向工程（RE，如逆向扫描、逆向设计）及三维检测（CAV），是产品开发、品质检测的必备工具。三维扫描仪在部分地区又称为激光抄数机或者3D抄数机。

拍照式光学三维扫描仪主要由光栅投影设备及两个工业级的CCD Camera所构成，由光栅投影在待测物上，并加以粗细变化及位移，配合CCD Camera将所撷取的数字影像通过计算机进行运算处理，即可得知待测物的实际3D外型（见图2-6）。

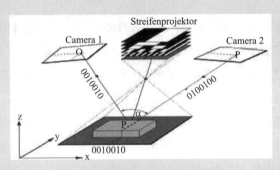

图2-6　拍照式光学三维扫描仪结构原理

拍照式三维扫描仪采用非接触白光技术，避免对物体表面的接触，可以测量各种材料的模型，测量过程中被测物体可以任意翻转和移动，对物件进行多个视角的测量，系统进行全自动拼接，轻松实现物体360°高精度测量，并且能够在获取表面三维数据的同时，迅速地获取纹理信息，得到逼真的物体外形，能快速地应用于制造行业的扫描。

# 课堂讨论

4人一组分组进行讨论，时间为5min，组内代表进行总结发言。

说一说不同建模方法的应用范围和各自的优缺点。

_____

_____

查找手持式扫描仪和非接触式扫描仪的具体使用方法，并进行模拟演示。

_____

_____

# 2.2 打印3D模型

## 课前讨论

3D模型已经建好了，怎么把它变成触手可及的物体呢？下面讨论以下几个问题：

● 你最想打印一个什么物品，为什么？

● 你觉得3D打印出这个物品需要进行哪些操作步骤？

● 你认为在打印过程中哪个步骤是最关键的，有哪些注意事项？

## 知识储备

设计好3D打印模型后，开始启动打印机进行打印工作。

1. 准备环节

在正式开始打印之前，需要做一些基本的准备工作：准备好STL格式的3D模型，准备好3D打印机，准备好打印物体的材质。

（1）将模型转换为STL格式

设计软件和打印机之间协作的标准文件格式是STL文件格式。STL（Stereo Lithography，光固化成型）格式是目前3D打印制造设备使用的通用接口格式，是由美国3D Systems 公司于1988年制定的一个接口协议，是一种为3D打印制造技术服务的3D图形文件格式。事实上，它目前已成为3D打印制造的标准格式。

因此，如果设计的3D模型不是STL格式，那么将其转换成打印机可以识别的STL格式是3D打印关键的一步。STL用三角网格来表现3D模型，输出STL文件的参数选用会影响到成型质量的好坏。而3ds Max等三维建模软件的STL输出方法很简单，但必须在软件建模时就赋予模型优良的三角面分布才行。所以，如果STL文件属于粗糙的或是呈现多面体状，那么将会在模型上看到真实的反应。

（2）检查并修复STL文件

经过转换后得到的STL文件中可能会存在"错误"，这些错误从一般的3D模型的角度来看，其实不能算是错误，它可以在正常的建模软件中显示；但是对于3D打印来说，这些错误则是很危险的。如果打印机在打印模型的过程中遇到问题文件，则会崩溃并停止打印，因为文件截面已损坏，从而导致打印失败。因此，模型制作完成后首先需要对多边形的面进行STL检查。像软件编译器会检查编程错误一样，3D打印机或STL浏览器同样会检查STL文件，然后才能进行打印。

Netfabb及Magics都是STL文件编辑软件，可以用来打开STL文件并显示模型中存在的一些错误信息。它包含针对STL文件的基本功能：分析、缩放、测量和修复。3ds Max软件就有一个非常好用的STL检查工具，位于修改命令面板的修改列表中。当选择了要检查的模型并加载了STL检查工具后，系统会自动运算错误的类型，然后可以发现模型错误的类型有哪些。为了快速对模型进行检查，一般使用"全部"错误检查。检查完毕后，系统会用红色标出错误的位置，接下来就可以对每个错误进行手动修改了。

（3）3D打印切片软件

如果只有一台3D打印机是无法完成打印工作的，需要在计算机上安装相应的3D打印切片软件，用它来实现3D模型的参数调整，并将模型切片转换成3D打印机可以识别的格式，最后才能将模型发送到打印机进行打印。切片的过程就是将模型数据分层，然后3D打印机按照每层的数据进行打印，一层一层堆积即可成型（见图2-7）。

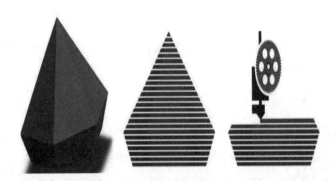

图2-7　计算机计算切片并生成打印头运动轨迹（以FDM工艺为例）

好的切片软件是3D打印的核心。不同品牌的3D打印机通常对应不同的软件，目前使用比较广泛且操作便捷的切片软件有Cura、XBuilder、Makerbot等。切片软件的好坏会直接影响打印物品的质量。因此，在正式开始打印之前，一定要准备好打印机所能识别的切片软件，对之前建的3D打印模型进行处理。

（4）准备3D打印机和打印材质

3D打印机的种类和型号越来越丰富，可根据自己的实际需要购买相应的打印机及其耗材。目前在国内3D打印机市场中，除了一些自主开发打印机的厂商，大部分厂商都是在开源打印机的基础上打造自己的品牌。对于开源的3D打印机而言，它的各部分零件都是可以根据图纸制造出来，然后组装成一台功能完善的打印机。因此在3D打印机的市场上，既有整机出售的3D打印机（无须用户自己组装），也有DIY套装出售的3D打印机，用户购买回来后，根据说明书组装自己的3D打印机即可。

下面以国内某知名品牌打印机为例，重点介绍FDM 3D打印机的预热与调试。

1）预热。

①"开始预热"为机器预热选项，按确认键进入预热界面，如图2-8所示。

②如果想要左头和底板加热，向下按键选择"左头"选项，按中间确认键，"关"状态转换成"开"，此时按向上键选择"开始预热"选项，左头和底板即为加热状态，如图2-9所示。

图2-8　预热打印机　　　　　　　　　　　图2-9　开始预热

③设置左右打印头及加热板的预热温度：

a）在主界面选择"信息和设置"选项，如图2-10所示。

b）按确认键进入"预热设置"选项，如图2-11所示。

图2-10　信息和设置　　　　　　　　　　图2-11　预热设置

c）在"预热设置"选项内，若要设置右头预热温度，则按确认键后箭头指到温度选项，如图2-12所示。

d）此时，上键为增温，下键为降温。预设完毕后，按确认键保存已设置的温度，如图2-13所示。

图2-12　设置单头预热温度

图2-13　调整温度数据

2）调平底板。

当进行打印时，只有保证底板与墨头保持平行才能保证打印结果的质量。所以，当机器第一次使用或者搬动以及经过多次打印出现打印结果不符合要求时，需要重新对底板进行调平。

① 连续按左方向键返回主菜单，显示屏显示如图2-14所示。

② 按向下键选择"调试"选项，如图2-15所示。

图2-14　主菜单

图2-15　调试选项

③ 选择"底板调平"选项后，按中间键确认后，如图2-16所示。

④ 按向下键选中"底板调平"选项，按中间键确认，进入调平模式，再连续按5次中间键，这时屏幕显示"请稍等"（见图2-17），并且墨头开始移动，准备在底板上选取第一个调试点。

图2-16　底板调平

图2-17　调平模式

⑤ 此时将相片纸（随机器赠送）按图2-18所示的方式铺在底板上，等待墨头找到第一个点并进行调平。

⑥ 当屏幕上显示如图2-19所示时，表示墨头已经找好第一个点，这时可以开始对前面的两个点进行调节。

图2-18　使用相片纸进行调平

图2-19　对点进行调平

⑦ 可以看到，墨头已经压在了相片纸上。这时轻轻拉动相片纸，相片纸可以拉动，但是感觉到有轻微的阻力为最佳状态。如果相片纸被紧紧咬住或者感觉不到丝毫阻力，则需要调节底板与墨头的间距使之合适（见图2-20）。

⑧ 如果喷头与底板间距过小（相片纸被咬住）或者过大（感觉不到阻力），则需要通过调节底面4个螺钉来调节底板高度，具体操作如下：俯视底板，顺时针旋动螺钉为上升底板，逆时针旋动螺钉为下降底板，直到调至合适高度为止（见图2-21）。

图2-20　拉动纸片判断间距

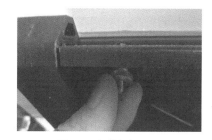

图2-21　调整螺钉

⑨ 按中心键进入下一个点的测试，重复上述操作，依次调试前、后、左、右、中心5个点。

⑩ 调试5个点结束后，屏幕的状态如图2-22所示。

图2-22　调平结束

⑪ 按一下确认键完成调试。调试完成后可再重新调试一遍，确保打印板水平。不同型号的打印机调平方法不尽相同，但都要保证打印头和底板之间的距离适中，并保持水平。

3）打印材质。

目前，桌面3D打印机最常用的就是PLA和ABS两种材质。二者都是工程塑料，具有良好的热塑性，通常用于打印物体模型。除了以上两种比较常用的3D打印材料外，还有光敏树脂液体材料，金属、陶瓷粉末等材料。当然，不同的机型适用的材料是不一样的，要根据打印物品的需要准备好打印材料，并在打印机上安装好，使机器能够正常进丝。

2．联机打印及SD卡打印

每台打印机在具体的打印环节的操作上都略有不同，但在总体上的步骤都大同小异。下面仍以国内某品牌打印机为例，介绍3D打印机的打印方法和打印过程。

（1）切片软件直接控制机器打印

1）打开切片软件，选择添加模型，显示界面如图2-23所示。

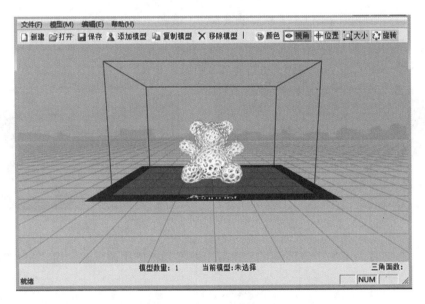

图2-23　导入模型

2）生成X3G文件。添加STL模型后，单击"打印设置"进行具体的参数设置。一般打印机会有原始的数据记录，主要是根据材料修改平台温度，根据打印的物体的厚度选择层厚，根据物体形状选择是否需要支撑等基础数据，完成以后输出X3G格式到想要保存的位置，如图2-24所示。

注意当为双头打印机时，左头打印，把右头温度设置为"0"，去选左头打印支撑；右头打印时，把左头温度设置为"0"，去选右头打印支撑；不同材料打印时，用右头打印模型，勾选左头打印支撑。因为直接连接的打印方式效率很低，所以建议将软件生成的X3G文件复制到SD卡根目录，再将SD卡插入打印机中进行打印。

图2-24　参数设置

（2）使用SD卡进行打印

将X3G文件导入到SD卡中，可以直接操作打印机按键进行打印。

1）找到打印机上的SD卡插槽，在按键的右边，将SD卡正面向前，按照如图2-25所示的方向压入卡槽内，注意内存卡一定要确认对准卡槽后压入。

2）安装好的SD卡效果如图2-26所示。

图2-25　插入SD卡

图2-26　安装好的SD卡

3）打开打印机电源开关，如图2-27所示。

4）按向下键选择"SD卡文件"，按中间按键确认，屏幕上列出SD卡中保存的X3G文件列表，如图2-28所示。

图2-27　主界面图

图2-28　选择"SD卡文件"

5）通过按上、下方向键选中想要打印的文件，按中间键确认。

6）机器准备进行打印，底板、墨头开始预热，屏幕显示当前底板、墨头的温度以及加热进度（见图2-29）。

7）加热完成后，开始执行打印任务，此时屏幕显示任务完成进度以及底板、墨头的当前温度（见图2-30）。

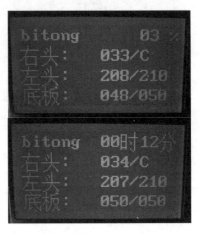

图2-29　底板、墨头开始预热　　　　图2-30　开始打印后屏幕显示内容

8）当打印进度达到100%时，屏幕显示打印完成，机器发出音乐提示，同时底板降至最低，墨头回到初始位置，打印完成（见图2-31）。

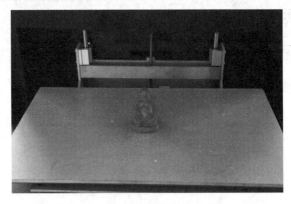

图2-31　打印完成

（3）结束打印

打印结束后，喷头自动归位。为方便取下打印好的模型，可以先将打印平台降下来，然后用刮板轻轻地将模型从平台上刮下来。如果时间充足，那么也可以在模型冷却后再将其从平台上拿下来（有些3D打印机的平台垂直方向是固定的无法降下）。

当料架上剩余的料不够下一次打印或者需要更换颜色时，必须首先进行退、续料操作，然后再给打印机换上新料。

**扩展阅读** ● ● ● ●

## 3D模型下载网站

下面介绍几个常用的3D模型下载网站。

1. 模型之家

模型之家是一个中文网站，提供了一个交流分享3D模型的平台，可以自由上传或下载3D模型。这里的3D模型都是为3D打印准备的，所以一般下载的文件都是STL格式的。

2. 我爱3D

该网站不仅提供了3D模型的分享平台，还提供了一些简单的3D打印机以及3D模型的小常识。

3. SketchUp模型库

该模型库是和SketchUp相关的3D模型库，在这个网站上的模型一般都是SKP格式的。

4. 魔猴网的3D模型下载专区

该网站主要提供云打印服务，集成了很多专业3D设计师。每个设计师都上传了很多STL模型供浏览和下载。

还有一些3D打印论坛，如南极熊3D打印也会提供3D模型的下载，并且提供了3D打印的交流学习平台。

## ▶ 课堂讨论

4人一组分组进行讨论，时间为5min，组内代表进行总结发言。

你认为3D打印进行到这里就彻底结束了吗？如果不是，那么还需要进行哪些工作？

_____

_____

尝试复述一遍3D打印机的操作过程，其他同学进行补充与修正。

_____

_____

# 2.3 3D模型的后期处理

## 课前讨论

3D模型已经打印完成了，是不是就此就完全结束了呢？下面讨论以下几个问题：

- 仔细观察刚打印出来的模型，你认为还需要进行哪些处理才能使模型变得更加完美？

- 对打印模型进行处理有哪些简便的方法？

- 在对模型进行后期处理时，应该注意哪些问题？

## 知识储备

3D打印机由于打印材料以及打印精度的不同要求，一般还需要对打印出来的作品进行简单的后期处理，如去除打印物体的支撑。如果打印精度不够，则会有很多毛边，或者出现一些多余的棱角，影响打印作品的效果，因此需要通过一系列的后期处理来完善作品。后期处理有很多不同的方法，但是一定要谨慎使用和操作，防止对产品造成损坏，破坏了产品的完整性。另外，还可以对作品的外观进行进一步加工，如通过组合几个打印单品得到多彩的物体（见图2-32）。

图2-32 3D打印的后期处理

对于常见的熔融堆积型的3D打印机，一般需要以下几个步骤完成后期处理：

● 用铲子把产品从底板上取下。

● 用电线剪去除支撑。

● 进行细部修正。在打印精度不高时，打印出来的物体在细节上可能与期望的有所偏差，需要自己使用工具进行一定的修正。一般使用3D打印专用笔刀进行毛刺和毛边的修正（见图2-33）。

● 抛光。一般打印出来的物体表面都不太光滑明亮，需要采用物理或化学手段进行抛光处理。

● 上色。如果是用单色的打印机打印的物品，可以通过上色来改变物品的颜色，或让物体颜色更多样化。

图2-33　3D打印专用笔刀

其中，抛光和上色是比较具有技术难度的后期处理环节，也是大部分3D打印产品需要进行的环节，所以在此着重对这两个后期处理步骤进行介绍。

1．3D打印的三大抛光处理技术

当前有多种抛光处理技术，但通常使用较多的是砂纸打磨（Sanding）、珠光处理（Bead Blasting）和蒸汽平滑（Vapor Smoothing）这3种技术。

（1）砂纸打磨

虽然FDM技术设备能够制造出高品质的零件，但不得不说，零件上逐层堆积的纹路是肉眼可见的，这往往会影响用户的判断，尤其是当外观是零件的一个重要因素时。所以，这时就需要用砂纸打磨进行后处理。

图2-34 砂纸打磨

砂纸打磨可以用手工打磨或者使用砂带磨光机这样的专业设备。砂纸打磨是一种廉价且行之有效的方法，一直是3D打印零部件后期抛光最常用、使用范围最广的技术（见图2-34）。

砂纸打磨在处理比较微小的零部件时会有问题，因为它是靠人手或机械的往复运动。不过砂纸打磨处理起来还是比较快的。一般用FDM技术打印出来的对象往往有一圈一圈的纹路，用砂纸打磨消除电视机遥控器大小的纹路只需15min。

如果零件有精度和耐用性的最低要求，那么一定不要过度打磨，要提前计算好要打磨去多少材料，否则过度打磨会使得零部件变形报废。一般对于比较粗糙、纹理很清晰的物体需要多层打磨，砂纸选用600目、1000目和3000目3个等级依次进行打磨即可，精度较高的模型只需要使用比较细的砂纸打磨一次即可。

（2）珠光处理

珠光处理就是操作人员手持喷嘴朝着抛光对象高速喷射介质小珠从而达到抛光的效果（见图2-35）。珠光处理一般比较快，约5～10min即可处理完成，处理过后产品表面光滑，有均匀的亚光效果。

图2-35　珠光处理

珠光处理比较灵活，可用于大多数FDM材料。它可用于产品开发到制造的各个阶段，从原型设计到生产都能用。珠光处理喷射的介质通常是很小的塑料颗粒，一般是经过精细研磨的热塑性颗粒。这些热塑性的塑料珠比较耐用，并且能够对不同程度的磨损范围进行喷涂。小苏打也不错，因为它不是太硬，虽然它可能比塑料珠不易清洁。

因为珠光处理一般是在一个密闭的腔室里进行的，所以它能处理的对象是有尺寸限制的，一般能够处理的最大零部件的大小为24in×32in×32in（in≈25.4mm），而且整个过程需要用手拿着喷嘴，一次只能处理一个，因此不能用于规模应用。

珠光处理还可以为对象零部件后续进行上漆、涂层和镀层做准备，这些涂层通常用于强度更高的高性能材料。

（3）蒸汽平滑（Vapor Smoothing）

排在第三的是蒸汽平滑（Vapor Smoothing）处理方法。3D打印零部件被浸渍在蒸汽罐里，其底部有已经达到沸点的液体。蒸汽上升可以融化零件表面约2μm左右的一层，几秒内就能把它变得光滑闪亮（见图2-36）。

蒸汽平滑技术被广泛应用于消费电子、原型制作和医疗应用。该方法不显著影响零件的精度。但是，与珠光处理相似，蒸汽平滑也有尺寸限制，最大处理零件尺寸为3ft×2ft×3ft（1ft≈0.3048m）。另外，蒸汽平滑适合对ABS和ABS-M30材料进行处理，这是常见的耐用的热塑性塑料。

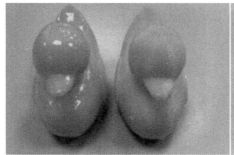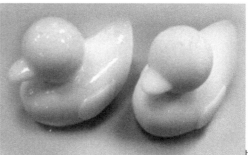

图2-36　蒸汽平滑抛光前后对比图

（4）抛光机处理

目前市场也逐渐出现一些3D打印抛光机，专门针对3D打印的产品进行自动抛光处理，非常高效便捷。采用熔融沉积造型（FDM）3D打印的产品，无论是使用工业还是个人3D打印机，都有一个很难避免的问题：打印出来的产品都会显示出一些层效应（Layered Effect）。传统的抛光方法都属于材料去除工艺，而3D打印抛光机（见图2-37）采用材料转移技术，将零件表面突出部分

图2-37　3D打印抛光机

的材料转移到凹槽部分，对零件表面的精度影响非常小。抛光过程中不产生废料，是一种新型抛光技术。但是这种抛光机目前因为价格高、技术要求高、操作较复杂等原因还未被市场普遍接受。

2．打印成品的上色处理

如果是用单色打印机打印的物品，则可以通过上色来改变物品的颜色，或让物体颜色更多样化。上色处理同样有手工上色和机器上色等不同的方法，而且颜料的选择也要根据上色物品的需要选择最合适的颜料种类。例如，给孩子的玩具上色时就要选择绿色、天然、无污染的有机染料；如果是给一般的打印物品进行染色，考虑到经济成本，一般选用价格合理、色泽艳丽、不易掉色的染料。

对于PLA、ABS材料的3D打印模型来说，可以使用丙烯颜料（见图2-38），借助上色笔和勾线笔对模型进行染色（见图2-39），也可使用喷漆笔（见图2-40）对模型进行喷漆上色，对

于特别细小或者需要图画的地方可以使用补漆笔（见图2-41）来上色。一般在上色之前需要先打一层底色，如透明色漆或者白色漆。

图2-38　丙烯颜料

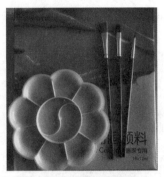

图2-39　上色笔和勾线笔

图2-40　喷漆笔

图2-41　补漆笔

扩展阅读

### 3D打印如何对打印出的成品着色

下面介绍一种3D打印品染色的方法。使用的是纤维染剂，它在工艺专卖店、布匹店或杂货店都能买到。

具体的操作步骤如下：

（1）收集材料

首先收集材料（见图2-42），包括尼龙制3D打印品、喜欢颜色的染剂、装染色成型品的承杯、计量汤匙以及热水。此外，为了能在必要时再加热溶液，可以靠近微波炉操作。

图2-42　收集材料

然后决定要染什么色。由于尼龙吸收染剂极快,在加入染剂时可以比说明书记载的量略少一些。我们为这个盆栽选用橘黄色,接着在1.5杯的热水中倒入1.5茶匙的染剂粉末。

由于使用的是纤维用染剂,若沾到衣服或鞋子,则颜色将无法去除。此外,染剂也会沾染皮肤,可戴上橡胶手套。不过Rit的染剂擦一擦就能迅速擦掉,因此即使沾到皮肤也能轻易去除。

(2)浸泡成型品

在开始染色前,至少得预先将成型品浸泡在水中30min以上(见图2-43)。如果时间充足,建议浸泡一个晚上,让水充分浸入成型品中就可以预防色斑产生。泡水也可以去除附着在成型品上的细微杂质。杂质附着会造成色斑。虽然附着在成型品上的染色杂质能在干燥后剥除,但如此一来底下没染到色的部分就会露出来。

图2-43　浸泡成型品

这个成型品上黏有杂质。你所看到那片大范围的白色就是去除杂质后留下的痕迹(见图2-44)。

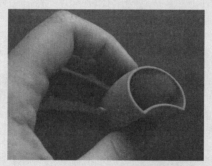

图2-44　去除杂质后的效果

(3)染色

仔细计量粉末后倒入,接着注入热水,必须要完全搅拌不残留一点粉末(见图2-45)。

图2-45　搅拌颜料粉末并放入成品搅拌

接着把成型品放入液体中并搅拌。为了让染色均衡，需要频繁搅拌。浸泡越久颜色就染得越牢。以这个成型品来说，花了6min让颜色附着。如果要浸泡更久，则可以用微波炉加热15～30s，让液体接近沸腾的温度就可以了。不同颜色之间也会有液体温度不高就无法染色的情况。依据经验，染粉红色与蓝色时，如果不把液体加热并长时间浸泡，则无法成功染色。

（4）漂洗

漂洗非常重要，它是通过浸泡去除多余的染剂。把染色的成型品浸泡热水数分钟，就能洗出多余的染剂（见图2-46）。尤其染色会直接接触肌肤的饰品时，为了不让皮肤沾到颜色，妥善的漂洗十分重要。

图2-46　漂洗

（5）晾干

染好色以后需要进行晾干，如图2-47所示。

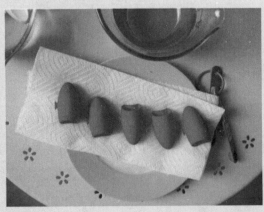

图2-47　晾干成品

（6）涂漆

由于尼龙是多孔性的材料，因此会吸附杂质或粉尘，产生可见的污垢。建议涂一层塑料亮光漆或透明的亚克力水彩，可以防止褪色或脏污。最后的成品如图2-48所示。

图2-48　涂漆后的成品

　　根据打印效果的不同以及对打印物品质量的要求不同，后期处理需要的时间也有所不同。为了提高后期处理的效率，国外已有人设计了一款名为3D Refiner 的3D精炼器。将打印出来的3D模型放到机器中，3D打印产品能被很快清理完毕，而且处理后的雕像非常漂亮。使用这款机器除了能提高后期处理的效率，还能大大节省打印时间。因为有了这台3D精炼器，很多物体在打印时可以把层厚调得大一些（如0.4mm），经处理后的效果与设置为0.15mm的层厚不相上下。

## 课堂讨论

4人一组分组进行讨论，时间为5min，组内代表进行总结发言。

你还知道哪些对物品进行抛光或上色的处理方法？

_____

_____

说一说你觉得对3D打印物体进行后期处理的过程中应该注意哪些方面？

_____

_____

# 模块总结

　　本模块学习了3D打印的一般流程，包括构建3D模型的一般手段，打印模型的方法和注意事项，打印完成后的打磨、抛光、上色处理。需要注意的是，3D打印机的调平非常重要，有时候模型无法打印成功往往是因为打印机底板没有调平。本模块学习的打印机的操作主要都是针对FDM 3D打印工艺的机器而言的，其他工艺的打印机的调平过程是有区别的。

　　本模块的学习到此就结束了，说一说你有哪些收获和感悟吧！

　　下面根据要求完成以下模块任务和模块练习。

# 模块任务

## ● 任务背景

　　一家企业刚购买了5台中小型FDM打印机，企业内部基本没人真正掌握3D打印的原理和流程等操作细节。正好你妈妈在这家企业工作，她曾听你向她介绍过学习了3D打印的课程，就向企业人员说起了你。由于你学习一直都很不错，所以企业领导邀请你去给他们简单培训3D打印机的使用方法和打印的流程。

## ● 任务形式

　　每5人一组，每组都写一份培训课程手册，简单呈现要讲解的内容后，进行情景演练。

## ● 任务介绍

　　一名同学作为培训人员，其他同学作为企业人员，向培训人员提问，培训人员根据课堂学到的知识进行回答。每组推选出讲解最好的同学上台进行"培训"。

## ● 任务要求

　　任务开始后有20min演练时间，教师可请两组同学上台进行展示。其他同学对每组同学的表现进行点评。期间，教师对小组进行引导及时间提示。最后对小组表现进行总结。

● 任务总结

1)＿＿＿＿＿＿＿＿＿＿＿＿＿＿＿＿＿＿＿＿＿＿＿＿＿＿＿＿

2)＿＿＿＿＿＿＿＿＿＿＿＿＿＿＿＿＿＿＿＿＿＿＿＿＿＿＿＿

3)＿＿＿＿＿＿＿＿＿＿＿＿＿＿＿＿＿＿＿＿＿＿＿＿＿＿＿＿

# 模块练习

1)用思维导图的形式概括出本模块学习的主要内容。

2)课后查阅资料,详细了解3D打印每个流程中的注意事项。

# 模块3

# 3D打印的技术介绍 ◀

快速原型制造技术（Rapid Prototype Manufacturing，RPM）是综合利用CAD技术、数控技术、材料科学、机械工程、电子技术及激光技术的技术集成，以实现从零件设计到三维实体原型制造一体化的系统技术。它是一种基于离散堆积成型思想的新型成型技术，是由CAD模型直接驱动的快速完成任意复杂形状三维实体零件制造的技术的总称。它主要有以下四大分支（见图3-1）。

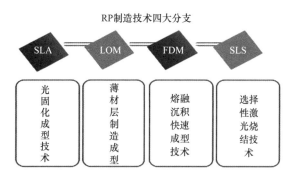

图3-1　RP制造技术的四大分支

本模块将一一介绍RP制造技术的四大分支技术及其他一些先进3D打印制造技术。

本模块的学习目标如下：

- 了解光固化成型技术的原理和应用。
- 了解薄材叠层制造成型的原理和应用。
- 了解熔融沉积快速成型技术的原理和应用。
- 了解选择性激光烧结技术的原理和应用。

# 3.1 光固化成型技术（SLA）

## ▶课前讨论

下面来讨论以下几个问题。

- 先想一想你所熟悉的二维打印机，你认为平面打印和光固化成型有哪些区别和联系？

- 光固化成型技术是基于什么样的原理进行3D造型的？

- 光固化成型技术有哪些优点？

通过讨论，相信同学们已经对光固化成型技术有了一些初步的认识和了解，下面就让我们一起来开始今天的课程之旅吧。

## ▶知识储备

快速成型（Rapid Prototyping）技术是20世纪80年代发展起来的一种新型制造技术。与传统的切削加工不同，RP采用逐层材料累加法加工实体模型，故也称为增材制造（Additive Manufacturing，AM）或分层制造技术（Layered Manufacturing Technonogy，LMT）。RP是计算机技术、数控技术、材料科学、激光技术、机械工程技术集成的结晶。RP概念可以追溯到1892年美国的一项采用层合方法制作三维地图模型的专利技术。1979年，日本东京大学生产技术研究所的中川威雄教授发明了叠层模型造型法，1980年小玉秀男又提出了光造型法。SLA方法由Chuck Hull于1986年获美国专利。1988年，美国3D Systems公司率先推出了世界上第一台商用快速成型系统——光固化成型SLA-1，并以30%～40%的年销售增长率在世界市场出售。

1. SLA工艺简介

光固化成型技术又称立体光刻造型技术（Stereo Lithography Appearance，SLA）。它主要采用液态光敏树脂原料，通过3D设计软件（CAD）设计出三维数字模型，利用离散程序将模型进行切片处理，设计扫描路径，按设计的扫描路径照射到液态光敏树脂表面，分层扫描固化叠加成三维工件原型。

光固化成型技术是基于液态光敏树脂的光聚合原理工作的（见图3-2）。这种液态材料在一定波长和强度的紫外光（如λ=325nm）的照射下能迅速发生光聚合反应，分子量急剧增大，材料也就从液态转变成固态。液槽中盛满液态光固化树脂，激光束在偏振镜作用下在液态树脂表面进行扫描，光点照射到的地方，液体就固化。成型开始时，工作平台在液面下一个确定的深度，聚焦后的光斑在液面上按计算机的指令逐点扫描固化。当一层扫描完成后，未被照射的地方仍是液态树脂，然后升降台带动平台下降一层高度，刮板在已成型的层面上又涂满一层树脂并刮平，然后再进行下一层的扫描，新固化的一层牢固地粘在前一层上，如此重复直到整个零件制造完毕，得到一个三维实体模型。

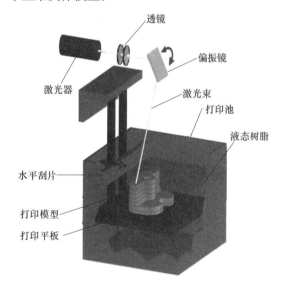

图3-2  光固化成型技术图解

具体的工作步骤如下：

1）将液态的光敏树脂材料注满打印池。

2）打印平板升起，直到距离液体表面一个层厚的位置时停下。

3）水平刮板沿固定方向移动，将液体表面刮成水平面。

4）激光器生成激光束，通过透镜进行聚焦后照射在偏振镜上，此时偏振镜根据切片截面路径自动产生偏移，这样光束就会持续地依照模型数据有选择性地扫描在液面，由于树脂的光敏特性，被照射到的液态树脂逐渐固化。

5）在固化完成后，打印平板自动降低一个固定的高度（一个层厚），水平刮板再次将液面刮平，激光再次照射固化，如此反复，直至整个模型打印完成。

光固化成型技术的优点是精度高，可以表现准确的表面和平滑的效果，精度可以达到每层厚度0.05～0.15mm。其缺点则为可以使用的材料有限，并且不能多色成型。产品示例如图3-3所示。

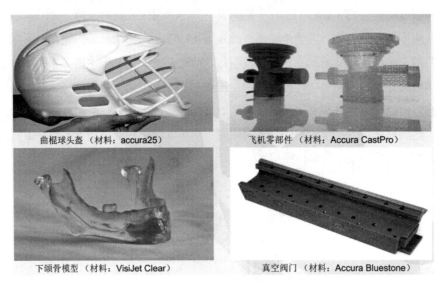

曲棍球头盔（材料：accura25）　　飞机零部件（材料：Accura CastPro）

下颌骨模型（材料：VisiJet Clear）　　真空阀门（材料：Accura Bluestone）

图3-3　不同树脂材料打印的成品

### 2．SLA技术的最新进展

当前SLA技术的进展主要体现在以下几个方面：

（1）软件技术

随着越来越多的原型要在快速成型机上加工，RP数据处理软件的性能在提高工作效率、保证加工精度等方面变得越来越重要。因为虽然快速成型机的加工过程是自动进行，不需要人工干预，但RP的数据处理却要由人来完成，特别是由于目前通行的STL文件总存在这样那样的问题。当操作员手中有大量的原型要在短时间内加工出来时，数据处理就成了瓶颈，并且稍有疏漏，可能会导致一批零件的加工失败。数据处理应具备如下基本功能：①STL文件的修补；②多个加工文件的定位、定向；③支撑设计；④切片操作。成型机生产厂商自己开发的数据处理软件已很难满足要求，一些通用的RP软件应运而生，其中最著名的是比利时Materialise公司开发的Magics RP。

（2）激光技术的进步使成型速度大幅度提升

RP技术走出实验室后，就必须不断提高成型速度，才能逐步符合"快速"二字。从设备的角度而言，激光功率是影响成型速度的主要因素。光固化的成型速度一般用每小时成型的原型重量来衡量。初期采用325nm的氦镉激光器的光固化成型设备激光功率较低（50mW左右），一般的成型速度在20～30g/h之间。351nm的氩离子紫外激光器虽然能输出较高功率的激光，但却有体积大，对水、电需求严格等缺点。目前，工作波长为355nm的半导体泵浦固体激光器（DPSS）的发展迅速改变了这种状况，成为光固化快速成型系统的理想光源。新型的半导体泵浦固体紫外激光器输出功率在100mW以上，甚至超过1W，扫描速度接近了偏振镜扫描系统的极限，从而使成型速度提高一倍以上，达到50～100g/h。固体激光器的另一个优点是寿命大大增加，可接近或超过10000h，而且激光器的再生费用也较低，从而大大降低了设备的使用成本。成本更低、稳定性更高、使用寿命更长是对紫外固体激光器发展的要求。

（3）成型材料的进展

对于光固化快速成型设备来说，光敏树脂材料是至关重要的，目前进口材料已解决了收缩变形的问题，朝性能多样化、功能材料方向发展。目前，光固化材料供应商主要有DSM Somos、VANTICO、RPC等公司。以DSM Somos公司为例，该公司提供多种型号的光敏树脂材料，能满足多种需求。例如，Somos 11120是一种低黏度的光敏树脂，固化后的性能类似于ABS塑料，并且燃烧后残留灰分很少，特别适合于消失铸造。而Somos 12120是一种耐高温光敏树脂，原型成型后呈淡红色，经热固化后，热变形温度可达126℃（0.46MPa），适合耐高温的要求。ProtoTool 20L是一种高强、高硬、高温复合光敏树脂，固化后的热变形温度可达259℃（0.46MPa），拉伸强度可达79MPa，可直接用于加工汽车零件、风管测试件、车灯等功能零件，甚至可直接加工注塑模具。

（4）成型机、电、控制系统不断完善，使稳定性、加工质量和效率不断提高

立体光固化工艺过程恰似搭建空中楼阁，局部的加工缺陷会造成整个加工过程的失败，具有天然的脆弱性，因而设备的稳定性至关重要。提高设备的稳定性要从光、机、电、软件各部分着手。上海联泰的最新光固化成型设备采用先进的真空吸附涂层系统，使得大平面的涂层可靠性大大提高，并且完全消除了气泡，整个涂层时间也大大缩短；成型机的电气系统采用PLC控制，稳定性和可靠性得到保证；控制软件可根据激光功率的变化自动调节工艺参数，因而整机性能得到大幅提升。

3．SLA技术的发展趋势

因为快速成型符合加工过程数字化这一潮流，因此从长期来讲，它必将从原型的加工转变成产品的加工，并可能成为未来一个主要的3D打印加工手段。在未来的几年内，3D打印设备技术会出现一个相对的平稳阶段，发展主要体现在生产效率的提高和材料的改进上。随着人们对RP的不断了解，各种RP工艺将会在最适合自己的领域内发挥自己的作用。作为RP百花园中的一朵"奇葩"，光固化成型以其出色的精度，在非金属材料的高端快速成型领域内将继续领先。

目前，光固化成型3D打印机占据着RP设备市场的较大份额。除了美国3D Systems公司的SLA系列成型机外，还有日本CMET公司的SOUP系列、D-MEC（JSR/Sony）公司的SCS系列和采用杜邦公司技术的Teijin Seiki公司的Solidform。在欧洲有德国EOS公司的STEREOS、Fockele & Schwarze公司的LMS以及法国Laser 3D公司的Stereophotolithography（SPL）。中国在20世纪90年代初就开始了对SLA快速成型的研究，经过近十余年的发展，取得了长足的进展，西安交通大学等高校对SLA原理、工艺、应用技术等进行了深入的研究，成熟的商品化产品有上海联泰的RS系列激光快速成型机。国产快速成型机在国内市场的拥有量已超过了进口设备，并且其性价比和售后服务优于进口设备。

 **扩展阅读** ● ● ● ●

## 能打印多种材料的光固化成型3D打印机：XFab

来自意大利的DWS Lab公司在CES 2014展会上展出了它的XFab激光光固化成型3D打印机（见图3-4）。与其他光固化成型机型不同的是，这台享有技术专利的光固化成型3D打印机能够打印多达9种材料：标准丙烯酸酯树脂、灰色类ABS材质、白色类ABS材质、类聚丙烯材质、坚硬且不透明材料、透明材料、陶瓷纳米填充淡蓝色材料，甚至柔性类橡胶材质的黑色和透明两种不同材料。

图3-4　XFab激光光固化成型3D打印机

该公司还开发了自主知识产权的3D编辑软件NAUTA XFAB，从而使XFab 3D打印机能轻松实现高分辨率（10～100μm层厚）打印，并具有自动生成支撑和实时去除支撑的功能，打印最大面积达到18cm×18cm。

XFab采用智能耗材盒系统，能够快速转换耗材，并且排除了打印过程中耗材泄漏的问题，无须处理液体，没有托盘消耗成本。

目前，XFab耗材盒的价格在200～400美元之间，而机器本身则为5000美元。据称公司正计划推出一款小型消费级新机型，价格在2500美元左右。

▶ **课堂讨论**

4人一组分组进行讨论，组内代表进行总结发言。

在了解了光固化成型技术之后，你觉得这种技术的最大的优势是什么？

_____

_____

尝试搜索更多关于光固化成型技术的应用案例并向全班汇报。

_____

_____

# 3.2　选择性激光烧结技术（SLS）

▶ **课前讨论**

下面讨论以下几个问题。

● 你听说过选择性激光烧结技术吗？你见过使用这种技术的3D打印机吗？

● 你认为选择性激光烧结技术和光固化成型技术有哪些区别和联系？

● 你觉得选择性激光烧结技术有哪些优点？

通过讨论，相信同学们已经对选择性激光烧结技术有了一些认识，下面就让我们一起来开始今天的课程之旅吧。

## 知识储备

选择性激光烧结工艺（Selective Laser Sintering，SLS）最早由美国人Carl Deckard于1989年提出，美国DTM公司于1992年推出了该工艺的商业化生产设备。

SLS工艺研究现状：美国的DTM公司、3D Systems公司，德国的EOS公司；国内的北京隆源自动成型系统有限公司和华中科技大学等。目前，国内在RP成型系统、SLS成型机、金属粉末研究以及烧结理论、扫描路径等方面取得了许多重大成果。

1. SLS工艺原理

选择性激光烧结工艺是利用粉末状材料（主要有塑料粉、蜡粉、金属粉、表面附有粘结剂的覆膜陶瓷粉、覆膜金属粉及覆膜砂等）在激光照射下烧结的原理，在计算机控制下按照界面轮廓信息进行有选择的烧结，层层堆积成型（见图3-5）。SLS技术使用的是粉状材料，从理论上讲，任何可熔的粉末都可以用来制造模型，而且制造出的模型可以用作真实的原型元件。

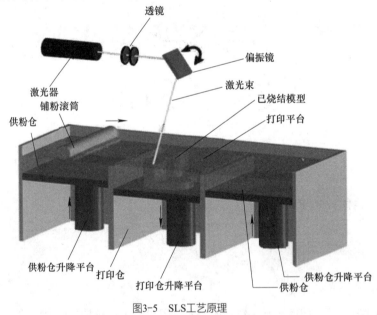

图3-5　SLS工艺原理

如图3-5所示，工作时粉末缸活塞上升，由铺粉辊将粉末均匀地在成型缸活塞（工作活塞）上铺上一层，计算机根据原型的切片模型控制光束的二维扫描轨迹，有选择地烧结固体粉末材料以形成零件的一个层面。

在烧结前，整个工作台被加热至稍低于粉末熔化温度，以减少热变形，并利于与前一层的结合。粉末完成一层后，工作活塞下降一个层厚，铺粉系统铺设新粉，控制激光束扫描烧结新层。如此循环往复，层层叠加，就得到三维零件。

具体来说其工作过程可概括为以下几个步骤（见图3-6）：

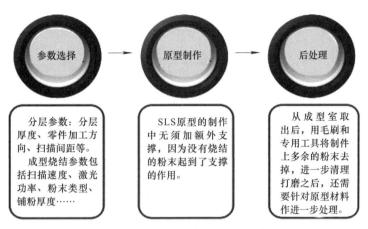

| | | |
|---|---|---|
| 分层参数：分层厚度、零件加工方向、扫描间距等。<br>成型烧结参数包括扫描速度、激光功率、粉末类型、铺粉厚度…… | SLS原型的制作中无须加额外支撑，因为没有烧结的粉末起到了支撑的作用。 | 从成型室取出后，用毛刷和专用工具将制件上多余的粉末去掉，进一步清理打磨之后，还需要针对原型材料作进一步处理。 |

图3-6　SLS工艺成型及后处理流程图

1）粉末颗粒存储在左侧的供粉仓内，打印时，供粉仓升降平台向上升起，将高于打印平面的粉末通过铺粉滚筒推压至打印平板上，形成一个很薄的粉层。

2）此时，激光束扫描系统会依据切片的二维CAD路径在粉层上选择性扫描，被扫描到的粉末颗粒会由于激光焦点的高温而烧结在一起，而生成具有一定厚度的实体薄片，未扫描的区域仍然保持原来的松散粉末状。

3）一层烧结完成后，打印平台根据切片高度下降，水平滚筒再次将粉末铺平，然后再开始新一层的烧结，此时层与层之间也同步地烧结在一起。

4）如此反复，直至烧结完所有层面。移除并回收未被烧结的粉末，即可取出打印好的实体模型了。

2. 典型SLS设备与原料

SLS设备（见图3-7）主要由机械系统、光学系统和计算机控制系统组成。机械系统和光学系统在计算机控制系统的控制下协调工作，自动完成制件的加工成型。

图3-7　SLS设备

机械结构主要由机架、工作平台、铺粉机构、两个活塞缸、集料箱、加热灯和通风除尘装置组成（见图3-8）。

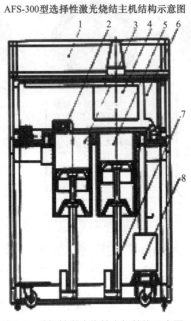

AFS-300型选择性激光烧结主机结构示意图

图3-8　选择性激光烧结主机结构示意图

1—激光室　2—铺粉机构　3—供料缸　4—加热灯　5—成形料缸
6—排尘装置　7—滚珠丝杆螺母机构　8—料粉回收箱

SLS技术的成型材料有很多，包括多种不同力学性能的粉末材料和多种尼龙混合材料，如适用于模具的铝粉与尼龙的混合材料；重量超轻、力学性能强的碳纤维与尼龙的混合材料；硬度极高，耐磨、耐热、能承受高温烤漆和金属喷涂的玻璃纤维和尼龙混合材料。

此外，还有多种塑料混合材料、陶瓷材料等。SLS工艺中所使用的原料主要有3种不同的类型，见表3-1。

表3-1　SLS工艺中所使用的原料分析

| 原料类型 | 原料特点 |
| --- | --- |
| 塑料粉末SLS | 尼龙、聚苯乙烯、聚碳酸酯等均可作为塑料粉末的原料。一般直接用激光烧结，不做后续处理 |
| 金属粉末SLS | 原材料为各种金属粉末。按烧结工艺不同又可分为直接法、间接法、双组元法。由于金属粉末SLS时温度很高，为防止金属氧化，烧结时必须将金属粉末密闭在充有保护气体（氮气、氩气、氢气等）的容器中。该工艺也称激光选区熔化成型法，即SLM工艺，可视为SLS工艺的一个重要分支 |
| 陶瓷粉末SLS | 陶瓷粉末在烧结时要在粉末中加入粘结剂。粘结剂有无机粘结剂、有机粘结剂和金属粘结剂3类 |

3．SLS工艺的优缺点

（1）SLS工艺的优点

1）成型材料多样性、价格低廉。是SLS最显著的特点。理论上，凡经激光加热后能在粉末间形成原子联接的材料都可作为SLS成型材料。目前，已商业化的材料主要有塑料粉、蜡粉、覆膜金属粉、表面涂有粘结剂的陶瓷粉、覆膜沙等。

2）对制件形状几乎没有要求。由于下层的粉末自然成为上层的支撑，故SLS具有自支撑性，可制造任意复杂的形体（见图3-9），这是许多RP技术所不具备的。成型不受传统机械加工中刀具无法到达某些型面的限制。

3）材料利用率高。未烧结的粉末可以重复利用。

4）制件具有较好的力学性能。成品可直接用作功能测试或小批量使用。

图3-9 SLS工艺成型原件

5）实现设计制造一体化。配套软件可自动将CAD数据转化为分层STL数据，根据层面信息自动生成数控代码，驱动成型机完成材料的逐层加工和堆积，不需人为干预。

（2）SLS工艺的缺点

1）设备成本高昂。

2）制件内部疏松多孔、表面粗糙度较大、机械性能不高。

3）制件质量受粉末的影响较大，提升不易。

4）可制造零件的最大尺寸受到限制（见图3-10）。

5）成型过程消耗能量大，后处理工序复杂。

4．SLS应用示例

图3-10 SLS工艺品尺寸受限

SLS工艺已经成功应用于汽车、造船、航天、航空、通信、微机电系统、建筑、医疗、考古等诸多行业，为许多传统制造业注入了新的创造力，也带来了信息化的气息。概括来说，SLS工艺可以应用于以下场合：

1）快速原型制造。SLS工艺可快速制造所设计零件的原型，并对产品及时进行评价、修正，以提高设计质量；可使客户获得直观的零件模型；能制造教学、试验用复杂模型。

2）新型材料的制备及研发。利用SLS工艺可以开发一些新型的颗粒，以增强复合材料和硬质合金。

3）小批量、特殊零件的制造加工。在制造业领域，经常遇到小批量及特殊零件的生产。这类零件加工周期长、成本高，对于某些形状复杂零件，甚至无法制造。采用SLS技术可经济地实现小批量和形状复杂零件的制造。

4）快速模具和工具制造。SLS制造的零件可直接作为模具使用，如熔模铸造、砂型铸造、注塑模型、高精度形状复杂的金属模型等；也可以将成型件经后处理后作为功能零件使用。

5）在逆向工程上的应用。SLS工艺可以在没有设计图样或者图样不完全以及没有CAD模型的情况下，按照现有的零件原型，利用各种数字技术和CAD技术重新构造出原型CAD模犁。

6）在医学上的应用。SLS工艺烧结的零件由于具有很高的孔隙率，因此可用于人工骨的制造。根据国外对于用SLS技术制备的人工骨进行的临床研究表明，人工骨的生物相容性良好。

5．技术应用与展望

针对当前存在的SLS系统的速度、精度和表面粗糙度不能满足工业生产要求、SLS设备成本较高以及激光工艺参数对零件质量影响敏感，需要较长的时间摸索等问题，目前国内外专家的研究热点集中在以下几个方面：

1）新材料的研究。材料是SLS技术发展的关键环节，它直接影响烧结试样的成型速度、精度和物理、化学性能。目前，SLS制造的零件普遍存在强度不高、精度低、需要后处理等诸多缺点，这就需要研制出各种激光烧结快速成型的专用材料。

2）SLS连接机理研究。不同的粉末材料其烧结成型机理是截然不同的，金属粉末的烧结过程主要由瞬时液相烧结控制，但是目前对其烧结机理的研究已停留在显微组织理论层次，需要从SLS动力学理论进行研究来定量地分析烧结过程。

3）SLS工艺参数优化研究。SLS的工艺参数（如激光功率、扫描方式、粉末颗粒大小等）对SLS烧结件的质量都有影响。目前，工艺参数与成型质量之间的关系是SLS技术的研究热点，国内外对此进行了大量的研究。

4）SLS建模与仿真研究。由于烧结过程的复杂性，进行实时观察比较困难，为了更好地了解烧结过程，对工艺参数的选取进行指导，有必要对烧结过程进行计算机仿真。

SIS技术的发展将对设备研发与应用、新工艺和新材料的研究产生积极的影响，对制造业向环保、节能、高效发展产生巨大的推动作用。

---

**扩展阅读** ● ● ●

### SLS技术的国外发展概况

SLS技术起源于美国德克萨斯大学奥斯汀分校（University of Texas at Austin）。1986年，该校学者Carl Deckard在其硕士论文中首次提出了SLS工艺原理，于1988年研制成功了第一台SLS成型机。随后，由美国的DTM公司将其商业化，于1992年推出了该工艺的商业化生产设备SinterStation 2000成型机。在过去的20多年里，SLS技术在各个领域得到了广泛的应用，各国研究人员对SLS技术从基本形成原理、加工工艺、新材料、精度控制、数值仿真等方面进行了广泛而深入的研究，有力地推动了SLS工艺的发展。

由于SLS工艺可以直接制造金属零件，近年来受到各国高校以及R&D机构的普遍重视。

近年来，美国的Texas大学Austin学院自由成型实验室对SLS技术和后处理工艺进行了长期研究，其钢铁及合金粉末材料的烧结件的致密度达到80%以上，并进一步研究了SLS金属热渗透、热等静压等后处理工艺。Michigan大学的学者们主要从事用SLS技术制作医用人工骨骼材料研究。

比利时的J. P. Kruth教授等学者对SIS的烧结机理进行了深入研究，并对SLS工艺进行了分类，对认识烧结理论起了重要作用。

白俄罗斯国家科学院的学者对单一和二元金属粉末（Ni-cu、Fe-cu等合金）的SLS进行了细致研究，提出了烧结过程中的"球化效应"（Bailing）是影响烧结质量和精度的最关键问题，并对球化效应的产生原理和控制方法进行了研究。

英国Liverpool大学快速原型中心的学者K. K. B. Hon对SiC和聚合物混合粉末进行了SLS试验，研究了各种工艺参数（激光功率、扫描速度、间距、层厚等）对烧结件机械性能的影响。Louthborough大学的学者使用脉冲Nd：YAG激光器烧结工具钢粉末，主要研究了扫描方式和烧结线间距对烧结性能的影响。

日本Osaka大学的学者主要从事金属SLS过程的有限元仿真工作，从而推断出烧结试样成型时最可能发生断裂的地方。该校的学者们还对烧结过程中残余应力的产生和消除办法进行了研究。

此外，除了上述国家外，瑞士、俄罗斯、德国、韩国、南非、意大利、伊朗等国也相继展开了对SLS工艺的温度场的演化规律及其建模与仿真、"球化效应"、粉末材料对性能的影响等方面的研究。

# ▶ 课堂讨论

4人一组分组进行讨论，时间为5min，组内代表进行总结发言。

在了解了选择性激光烧结技术之后，你觉得这种技术的最大的优势是什么？

_____

_____

对比光固化成型技术和选择性激光烧结技术的原理，说一说它们之间的异同点。

_____

_____

# 3.3 熔融沉积快速成型技术（FDM）

## 课前讨论

下面一起来讨论以下几个问题：

● 同学们听说过熔融沉积快速成型吗？

● 熔融沉积快速成型是如何工作的？

● 熔融沉积快速成型与光固化成型技术有哪些不同？

通过讨论，相信同学们已经对熔融沉积快速成型技术有了一些认识，下面学习熔融沉积快速成型的原理和相关知识。

## 知识储备

熔融沉积快速成型（Fused Deposition Modeling，FDM）是继光固化快速成型和叠层实体快速成型工艺后的另一种应用比较广泛的快速成型工艺。该技术是当前应用较为广泛的一种3D打印技术，同时也是最早开源的3D打印技术之一。该工艺方法以美国Stratasys公司开发的FDM制造系统应用最为广泛。该公司自1993年开发出第一台FDM1650机型后，先后推出了FDM2000、FDM3000、FDM8000及1998年推出的引人注目的FDM Quantum机型。FDM Quantum机型的最大造型体积达到600mm×500mm×600mm。国内的清华大学也较早地进行了FDM工艺商品化系统的研制工作，并推出熔融挤压制造设备MEM 250等。

1．熔融沉积快速成型的基本原理

熔融沉积又叫熔丝沉积，它是将丝状的热熔性材料加热熔化，通过带有一个微细喷嘴的喷头挤喷出来。喷头可沿着X轴方向移动，而工作台则沿Y轴方向移动。如果热熔性材料的温度始终稍高于固化温度，而成型部分的温度稍低于固化温度，那么就能保证热熔性材料喷出喷嘴后，即与前一层面熔结在一起。一个层面沉积完成后，工作台按预定的增量下降一个层的厚度，再继续熔喷沉积，直至完成整个实体造型（见图3-11）。熔融沉积制造工艺的具体过程如下：

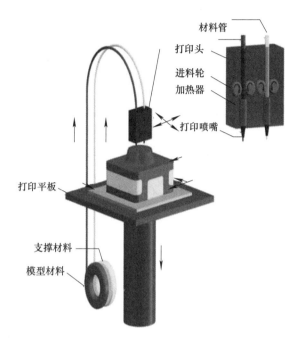

图3-11　FDM工作原理图

将实芯丝材原材料缠绕在供料辊上，由电机驱动辊子旋转，辊子和丝材之间的摩擦力使丝材向喷头的出口送进。在供料辊与喷头之间有一个导向套，导向套采用低摩擦材料制成，以便丝材能顺利、准确地由供料辊送到喷头的内腔（最大送料速度为10～25mm/s，推荐速度为5～18mm/s）。喷头的前端有电阻丝式加热器，在其作用下，丝材被加热熔融（熔模铸造蜡丝的熔融温度为74℃，机加工蜡丝的熔融温度为96℃，聚烯烃树脂丝为106℃，聚酰胺丝为155℃，ABS塑料丝为270℃），然后通过出口（内径为0.25～1.32mm，随材料的种类和送料速度而定），涂覆至工作台上，并在冷却后形成界面轮廓。由于受结构的限制，加热器的功率不可能太大，因此丝材一般为熔点不太高的热塑性塑料或蜡。丝材熔融沉积的层厚随喷头的运动速度（最高速度为380mm/s）而变化，通常层厚为0.15～0.25mm。

熔融沉积快速成型工艺在原型制作时需要同时制作支撑，为了节省材料成本和提高沉积效率，新型FDM设备采用了双喷头（见图3-12）。一个喷头用于沉积模型材料，一个喷头用于沉积支撑材料。一般来说，模型材料丝精细而且成本较高，沉积的效率也较低。而支撑材料丝较粗且成本较低，沉积的效率也较高。双喷头的优点除了沉积过程中具有较高的沉积效率和降低模型制作成本以外，还可以灵活地选择具有特殊性能的支撑材料，以便于后处理过程中支撑材料的去除，如水溶材料、低于模型材料熔点的热熔材料等。

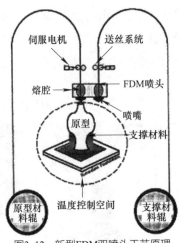

图3-12　新型FDM双喷头工艺原理

FDM 3D打印技术主要的使用材料为ABS（Acrylonitrile Butadiene Styrene，丙烯腈、丁二烯和苯乙烯的共聚物）和PLA（Polylactice Acid，生物降解塑料聚乳酸）。

（1）ABS塑料

ABS塑料具有优良的综合性能，其强度、柔韧性、机械加工性优异，并具有更高的耐温性，是工程机械零部件的优先塑料。

ABS塑料的缺点是在打印过程中会产生气味，而且由于ABS的冷收缩性，在打印过程中模型易与打印平板产生脱离。

（2）PLA塑料

PLA塑料是当前桌面式3D打印机使用最广泛的一种材料（见图3-13）。PLA塑料是生物可降解材料，使用可再生的植物资源（如玉米）所提出的淀粉原料制成。

图3-13　FDM工艺的材料

2．熔融沉积工艺的特点

FDM的优点是材料利用率高，可选材料种类多、工艺简洁，但成型精度更高、成型实物强度更高，并且可以彩色成型。其缺点是精度低，复杂构件不易制造，悬臂件需加支撑，而且成型后表面粗糙。该工艺适合于产品的概念建模及形状和功能测试，中等复杂程度的中小原型不适合制造大型零件。

（1）优点

1）系统构造原理和操作简单，维护成本低，系统运行安全。

2）可以使用无毒的原材料，设备系统可在办公环境中安装使用。

3）用蜡成型的零件原型，可以直接用于失蜡铸造。

4）可以成型任意复杂程度的零件，常用于成型具有很复杂的内腔、孔等零件。

5）原材料在成型过程中无化学变化，制件的翘曲变形小。

6）原材料利用率高，且材料寿命长。

7）支撑去除简单，无须化学清洗，分离容易。

（2）缺点

1）成型件的表面有较明显的条纹。

2）沿成型轴垂直方向的强度比较弱。

3）需要设计与制作支撑结构。

4）需要对整个截面进行扫描涂覆，成型时间较长。

5）原材料价格昂贵。

FDM工艺与SLA、SLS在特性和工艺方法等方面的比较见表3-2。

表3-2　FDM工艺与SLA、SLS在特性和工艺方法等方面的比较

| 比较项 | FDM | SLA | SLS |
|---|---|---|---|
| 设备价格 | ★★ | | |
| 操作成本 | ★★ | | |
| 维修成本 | ★★ | | |
| 设备操作难易程度 | ★★ | | |
| 后处理 | ★★ | | ★ |
| 占地空间、电力需求、电力环境等 | ★★ | | |
| 材料种类 | ★ | | ★★ |
| 材料实用性 | ★★ | | ★ |
| 材料弹性 | ★★ | | |
| 材料强度 | ★★ | ★ | ★ |
| 材料抗剪性 | ★★ | | |
| 材料抗拉性 | ★★ | | |
| 建造速度 | ★ | ★ | ★ |
| 生产能力 | ★ | ★ | ★ |
| 零件精度及表面光洁度 | ★ | ★★ | ★ |
| 生产应用 | ★ | ★ | ★ |

注：★为优势符号。

### 3．气压式熔融沉积快速成型系统

气压式熔融沉积快速成型系统（Air-pressure Jet Solidification，AJS）的工作原理（见图 3-14）：被加热到一定温度的低粘性材料（如粉末—粘结剂的混合物）通过空气压缩机提供的压力由喷头挤出，涂覆于工作平台或前一沉积层之上。喷头按当前层的层面几何形状进行扫描堆积，实现逐层沉积凝固。工作台由计算机系统控制作X、Y、Z三维运动，可逐层制造三维实体和直接制造空间曲面。

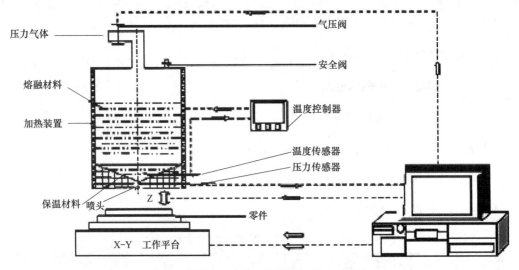

图3-14　气压式熔融沉积快速成型系统工作原理

AJS系统主要由控制、加热与冷却、挤压、喷头机构、可升降工作台及支架机构6部分组成。其中控制用计算机配置有CAD模型切片软件和加支撑软件，对三维模型进行切片和诊断，并在零件的高度方向模拟显示出每隔一定时间的一系列横截面的轮廓，加支撑软件对零件进行自动加支撑处理。数据处理完毕后，混合均匀的材料按一定比例人工送入加热室。加热室由电阻丝加热，经热电阻测温并由温度控制器使其温度恒定，使材料处于良好的熔融挤压状态，后经压力传感器测压后进行挤压，制造原型零件。控制系统能使整个AJS系统实现自动控制，其中包括气路的通断、喷头的喷射速度以及喷射量与原型零件整体制造速度的匹配等。

### 4．熔融沉积快速成型技术的应用

FDM快速成型技术已被广泛应用于汽车、机械、航空航天、家电、通信、电子、建筑、医学、玩具等产品的设计开发过程，如产品外观评估、方案选择、装配检查、功能测试、用户看样订货、塑料件开模前校验设计以及少量产品制造等，也应用于政府、大学及研究所等机构。用传统方法需要几个星期、几个月才能制造的复杂产品原型，用FDM成型法无须任何刀具和模具，很快便可完成（见图3-15）。

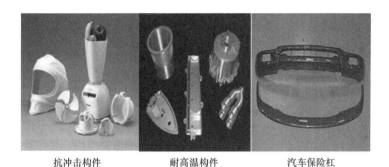

抗冲击构件　　　　　　耐高温构件　　　　　　汽车保险杠

图3-15　熔融沉积快速成型技术的应用

（1）FDM在日本丰田公司的应用

丰田公司采用FDM工艺制作右侧镜支架和4个门把手的母模，通过快速模具技术制作产品而取代传统的CNC制模方式，使得2000 Avalon车型的制造成本显著降低，右侧镜支架模具成本降低20万美元，4个门把手模具成本降低30万美元。FDM工艺已经为丰田公司在轿车制造方面节省了约200万美元。

（2）FDM在美国快速原型制造公司的应用

从事模型制造的美国Rapid Models & Prototypes公司采用FDM工艺为生产厂商Laramie Toys制作了玩具水枪模型，如图3-16所示。借助FDM工艺制作该玩具水枪模型，通过将多个零件一体制作，减少了传统制作方式制作模型的部件数量，避免了焊接与螺纹连接等组装环节，显著提高了模型制作的效率。

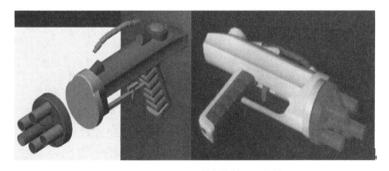

图3-16　采用FDM工艺制作的玩具水枪

（3）FDM在Mizuno公司的应用

Mizuno是世界上较大的综合性体育用品制造公司。1997年1月，Mizuno美国公司开发一套新的高尔夫球杆通常需要13个月的时间。FDM的应用大大缩短了这个过程，设计出的新高尔夫球头用FDM制作后，可以迅速地得到反馈意见并进行修改，大大加快了造型阶段的设计验证，一旦设计定型，FDM最后制造出的ABS原型就可以作为加工基准在CNC机床上进行钢制母模的加工。新的高尔夫球杆整个开发周期在7个月内就全部完成，开发时间缩短了40%以上。目前，FDM快速原型技术已成为Mizuno美国公司在产品开发过程中起决定性作用的组成部分。

（4）FDM在韩国现代公司的应用

韩国现代汽车公司采用了美国Stratasys公司的FDM快速原型系统，用于检验设计、空气动力评估和功能测试。FDM系统在起亚的Spectra车型设计上得到了成功的应用，现代汽车公司自动技术部的首席工程师Tae Sun Byun说：空间的精确和稳定对设计检验来说是至关重要的，采用ABS工程塑料的FDM Maxum系统满足了两者的要求，在1382mm的长度上，其最大误差只有0.75mm（见图3-17）。

 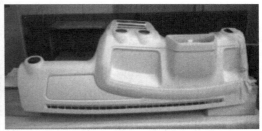

图3-17 现代汽车公司采用FDM工艺制作的某车型的仪表盘

实际上，FDM工艺的应用除了上述案例中提及的在汽车领域的应用外，在其他领域的应用也是十分广泛的。

## 扩展阅读 ● ● ●

### FDM技术的3D打印机为何被误认为"玩具"

3D打印的设备定位应该是一个工具，而不是玩具。一个工具能发挥怎样的功效取决于使用该工具的人。FDM技术的3D打印机被误认为"玩具"的原因如下：

（1）行业的宣传

媒体热爱宣传一些高精尖的资讯，但是资讯里却没相关基础知识的铺垫。读者只是了解了这个产业的表象，认为3D打印机可以做出任何东西。很多人看了新闻后着实兴奋一下，就像哥伦布发现了新大陆，经常在群里看到新人满腔热情地冲进来就问"如何在这个行业里赚到钱"。这样表象的宣传导致3D打印机被理解成了一个万能的设备。让人们先入为主地认为，那些报道上的高精尖3D打印机设备做出来的效果才是标准，而随着了解深入，接触到价格便宜FDM技术的设备，FDM做出的效果让人很容易产生落差，所以有人说他是玩具也很正常。

但是我们还是要感谢媒体，它将这个行业推到了大家的眼前，它为这个行业带来非常多的新鲜血液。

（2）设备分类没有规范

"3D打印机"只是一个统称，这个领域已经发展出了很多技术流派，每种技术的成型方式都不一样，耗材也不同，针对的市场也不一样。

3D打印机可以用很多方式来分类，如按市场定位来分类，可分为个人级、商业级、工业级；按设备体积来分类，可分为桌面、中型、大型，按成型技术分类，可分为FDM、SLA、SLS等。

（3）行业的产业链

整个行业链还不完整，配套的服务还需要建设，一些购买了3D打印机但是没有建模经验的用户，在网上很难找到可以利用的资源，无法正常挥发3D打印机的作用，因此这部分用户说3D打印机是玩具也能理解。

（4）设备的实用性

从3D打印机里拿出来的只能算是一个半成品。即使是最高端技术的3D打印机，制作出来的物品都是需要后期再次加工的。3D打印设备的实际意义在于帮用户在设计或者产品制样的过程中提高某个环节的效率，无法完全代替整个流程。

虽然3D打印机在国内发展的时间并不长，但是我们已经看到国内很多科研机构及企业，在这项技术的高端领域已经做出了一定的成绩。我们相信这项技术在未来的工业和商业，以及民用领域都是大有作为的。

## ▶ 课堂讨论

4人一组分组进行讨论，时间为5min，组内代表进行总结发言。

FDM工艺的最大的优势是什么？

_____

_____

对比一下FDM工艺和其他几种技术的原理，说一说他们之间的异同点。

_____

_____

# 3.4 三维打印成型
# 技术（3DP）

## ▶课前讨论

三维打印成型技术是将传统二维打印技术与3D技术进行结合而来的。下面讨论以下几个问题。

● 传统二维打印技术与3D技术可以怎样结合？

● 要想将喷墨打印技术应用到三维打印成型技术中来需要克服哪些困难？

通过讨论，相信同学们已经对三维打印成型技术有了一些认识，下面学习三维打印成型技术的相关知识。

## ▶知识储备

三维印刷（3DP）工艺是美国麻省理工学院Emanual Sachs等人研制的。E.M.Sachs于1989年申请了3DP（Three-Dimensional Printing）专利，该专利是非成型材料微滴喷射成型范畴的核心专利之一。

3D打印机使用标准喷墨打印技术，通过将液态连结体铺放在粉末薄层上，逐层创建各部件。与2D平面打印机在打印头下送纸不同，3D打印机是在一层粉末的上方移动打印头，打印横截面数据。

3DP工艺与SLS工艺类似，采用粉末材料成型，如陶瓷粉末，金属粉末。所不同的是材料粉末不是通过烧结连接起来的，而是通过喷头用粘结剂（如硅胶）将零件的截面"印刷"在材料粉末上面。用粘结剂粘结的零件强度较低，还需进行后处理。具体工艺过程如下：上一层粘结完毕后，成型缸下降一个距离（等于层厚0.013～0.1mm），供粉缸上升一高度，推出若干粉末，并被铺粉辊推到成型缸，铺平并被压实。喷头在计算机控制下，依据下一组建造截面的成型数据有选择地喷射粘结剂建造层面。铺粉辊铺粉时多余的粉末被集粉装置收集。如此周而复始地送粉、铺粉和喷射粘结剂，最终完成一个三维粉体的粘结。未被喷射粘结剂的地方为干粉，在成型过程中起支撑作用，且成型结束后比较容易去除（见图3-18）。

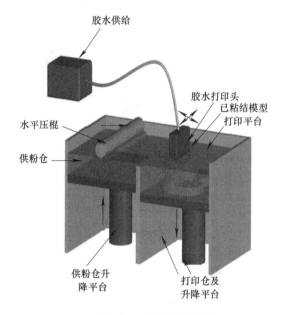

图3-18　3DP技术原理图

3DP技术的原理如下：

1）3DP的供料方式与SLS一样，供料时将粉末通过水平压辊平铺于打印平台之上。

2）将带有颜色的胶水通过加压的方式输送到打印头中存储。

3）接下来打印的过程就很像2D的喷墨打印机了，首先系统会根据三维模型的颜色将彩色的胶水进行混合并选择性地喷在粉末平面上，粉末遇胶水后会粘结为实体。

4）一层粘结完成后，打印平台下降，水平压棍再次将粉末铺平，然后再开始新一层的粘结，如此反复层层打印，直至整个模型粘结完毕。

5）打印完成后，回收未粘结的粉末，吹净模型表面的粉末，再次将模型用透明胶水浸泡，此时模型就具有了一定的强度。

3DP技术材料种类相对较少，有高性能复合材料（类石膏粉）、亚克力塑料颗粒、砂等（见图3-19）。

3DP技术的优点如下：

1）成型速度快，成型材料价格低，适合做桌面型的快速成型设备。

2）在粘结剂中添加颜料，可以制作彩色原型，这是该工艺最具竞争力的特点之一。

3）成型过程不需要支撑，多余粉末的去除比较方便，特别适合于做内腔复杂的原型。

石膏粉　　　　　亚克力塑料颗粒　　　　砂模

图3-19　3DP材料

3DP的缺点：强度较低，只能做概念型模型（见图3-20），而不能做功能性试验。

图3-20　3DP技术打印产品案例

 ● ● ●

### 基于3DP技术的开源3D打印机

近日，荷兰工程师YvodeHaas开发出了一种开源的，基于粉末粘合原理的3D打印机——PlanB（B计划）。PlanB使用标准的3D打印机、电子电路、现成的喷墨组件和激光切割铝合金框架。据了解，PlanB主要使用基于3DP技术的特殊打印用石膏粉以及相应的粘结剂进行打印。打印完毕后，打印机还会利用热量强化3D打印出来的模型。打印后模型需要小心取出，清除附着的粉末，使用蘸蜡、环氧树脂或CA胶对其进行渗透并固化。

2016年，年仅22岁的deHaas拥有机械工程学士学位，并自学了电子技术知识。两年前deHaas制造了一台Focus3D打印机作为一个实验平台，但它的3D打印速度十分缓慢，打印质量也不可靠。2015年，在拥有了制造Focus3D打印机的经验之后，他开始开发PlanB粉末3D打印机。"我很好奇它究竟会有多困难。"deHaas说。

目前，PlanB只能打印一种颜色。如何实现全彩打印，是他今后研究内容的一部分。而除此之外，这台3D打印机的机械性能是实实在在的：它具有高达0.05mm的步进精度，并有96DPI的打印精度（原因在于它使用了HPC6602喷墨墨盒）。墨盒可使用注射器反复填充粘合剂。PlanB的喷墨技术来自Inkshield（一种开源的喷墨打印喷头）。PlanB的最大打印尺寸为150mmx150mmx100mm，层厚为0.15～0.2mm。打印速度为60mm/s。deHaas说，如果有更好的固件的话，速度可以轻松翻倍。

96DPI的PlanB 3D打印机的制造费用大约为1000欧元。它目前还只能打印一种材料，就是用在Zcorp 3D打印机上的特制石膏粉末，而且只能打印一种颜色。"我目前正在进行试验，使其能够打印更多的材料，比如陶瓷或石墨粉末等。"deHaas称。对于deHaas而言，这个项目开发过程最困难的事情是很少有人在研究基于粉末粘合原理的开源3D打印技术，特别是喷墨打印。2012年，荷兰的Twente大学展示了他们的PwdrModel 0.1，这是一台开源的基于粉末粘合的快速成型机。但是，该机器仍处于发展的早期阶段，至今也未完成。

与FDM技术相比，3DP技术有很多优势：喷嘴的可控精度更高，打印出来的对象更精细。由于不用打印支撑，因此3DP比FDM更适合3D打印更加复杂的物品。3DP技术还能很容易地使用更多独特的材料进行打印：糖粉、陶瓷、不锈钢、石墨（见图3-21）等。

图3-21 石墨材料打印的物体

经过一年的开发，PlanB运行十分稳定，比它的前身Focus3D打印机的打印速度更快。deHaas并不打算就此止步，他还将继续对PlanB 3D打印机进行改进和提升。"但是从长远来看，这还是要取决于来自外界的反馈。目前我还不确定是继续沿着3DP技术方向开发，还是把PlanB变成一台SHS（自蔓延高温合成技术）打印机，或是干脆重新开始弄别的东西。"deHaas说："我很喜欢这项技术（3DP），但如果别人对此都没有热情，那我更乐于把时间花在其他项目上。"

## ▶ 课堂讨论

4人一组分组进行讨论，时间为5min，组内代表进行总结发言。

3DP工艺最大的优势是什么？

_____

_____

简述3DP工艺和其他几种技术的原理。

_____

_____

# 3.5 薄材叠层制造成型技术（LOM）

▶ 课前讨论

下面讨论以下几个问题。

● 薄材叠层制造成型技术的原理是什么？

● 薄材叠层制造成型技术有哪些特点？

通过讨论，相信同学们已经对薄材叠层制造成型技术有了一些认识，下面介绍薄材叠层制造成型技术的原理。

▶ 知识储备

薄材叠层制造成型（Laminated Object Manufacturing，LOM）又称薄形材料选择性切割。它由美国Helisys公司的Michael Feygin于1986年研制成功。薄材叠层制造成型方法和设备自问世以来，得到了迅速发展。研究LOM工艺的公司除了Helisys公司外，还有日本的Kira公司、瑞典的Sparx公司、新加坡的Kinergy精技私人有限公司，以及中国的清华大学、华中理工大学等。目前世界上投入使用的设备，主要有Helisys公司的纸张叠层造型LOM系列、新加坡Kinergy公司的ZIPPY型薄形材料选择性切割成型机等。

LOM技术曾经是最成熟的快速成型制造技术之一。这种制造方法和设备自1991年问世以来，得到了迅速发展。由于薄材叠层制造成型技术多使用纸材，成本低廉、制件精度高，而且制造出来的木质原型具有外在的美感性和一些特殊的品质，因此受到了较为广泛的关注，在产品概念设计可视化、造型设计评估、装配检验、熔模铸造型芯、砂型铸造木模、快速制作母模以及直接制模等方面得到了迅速应用。随着其他工艺技术的迅速发展，LOM技术的优势越来越不明显，甚至逐渐被淘汰。

1. 快速成型系统的成型原理

LOM工艺采用薄片材料，如纸、塑料薄膜等。片材表面事先涂覆上一层热熔胶，加工时，热压辊热压片材，使之与下面已成型的工件粘结；用$CO_2$激光器在刚粘结的新层上切割出零件截面轮廓和工件外框，并在截面轮廓与外框之间多余的区域内切割出上下对齐的网格；激光切割完成后，工作台带动已成型的工件下降，与带状片材（料带）分离；供料机构转动收料轴和供料轴，带动料带移动，使新层移到加工区域；工作台上升到加工平面；热压辊热压，工件的层数增加一层，高度增加一个料厚；再在新层上切割截面轮廓。如此反复直至零件的所有截面粘结、切割完，得到分层制造的实体零件（见图3-22）。

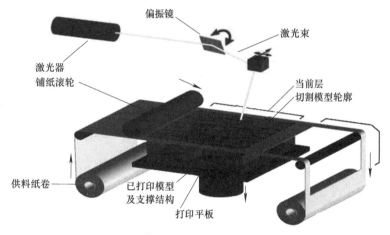

图3-22　LOM工艺原理图

在这种快速成型机上，截面轮廓被切割和叠合后所成的制品如图3-23所示。其中，所需的工件被废料小方格包围，剔除这些小方格之后，便可得到三维工件。

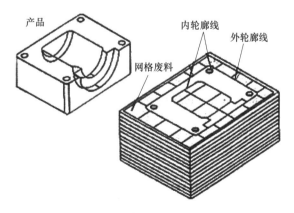

图3-23　截面轮廓被切割和叠合后所成的制品

2．一般工艺过程

LOM成型的全过程可以归纳为前处理、分层叠加成型、后处理3个主要步骤。具体来说，LOM成型的工艺过程如下（见图3-24）：

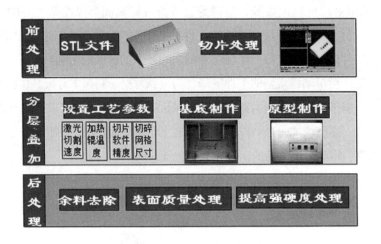

图3-24　LOM成型的全过程图示

1）图形处理阶段。制造一个产品，首先通过三维造型软件（如Pro/E、UG、SolidWorks）进行产品的三维模型构造，然后将得到的三维模型转换为STL格式，再将STL格式的模型导入到专用的切片软件中（如华中科大的HRP软件）进行切片。

2）基底制作。由于工作台的频繁起降，因此必须将LOM原型的叠件与工作台牢固连接，这就需要制作基底。通常设置3～5层的叠层作为基底，为了使基底更牢固，可以在制作基底前给工作台预热。

3）原型制作。制作完基底后，快速成型机就可以根据事先设定好的加工工艺参数自动完成原型的加工制作。工艺参数的选择与原型制作的精度、速度以及质量有关。这其中重要的参数有激光切割速度、加热辊温度、激光能量、破碎网格尺寸等。

4）余料去除。余料去除是一个极其烦琐的辅助过程，它需要工作人员仔细、耐心，并且最重要的是要熟悉制件的原型，这样在剥离的过程中才不会损坏原型。

5）后置处理。余料去除以后，为提高原型表面质量或需要进一步翻制模具，则需对原型进行后置处理，如防水、防潮、加同并使其表面光滑等。只有经过必要的后置处理工作，才能满足快速原型表面质量、尺寸稳定性、精度和强度等要求。

LOM原型经过余料去除后，为了提高原型的性能和便于表面打磨，经常需要对原型进行表面涂覆处理，表面涂覆的好处如下：

1）提高强度。

2）提高耐热性。

3）改进抗湿性。

4）延长原型的寿命。

5）易于表面打磨等处理。

6）经涂覆处理后，原型可更好地用于装配和功能检验。

扩展阅读 ● ● ●

## LOM成型材料

分层实体制造中的成型材料为涂有热熔胶的薄层材料，层与层之间的粘结是靠热熔胶保证的。LOM材料一般由薄片材料和热熔胶两部分组成。

（1）薄片材料

根据对原型件性能要求的不同，薄片材料可分为纸片材、金属片材、陶瓷片材、塑料薄膜和复合材料片材。对基体薄片材料有如下性能要求：抗湿性、良好的浸润性、抗拉强度、收缩率小、剥离性能好。

纸片材应用最多。这种纸由纸质基底、涂覆的粘结剂和改性添加剂组成，成本较低。

KINERGY公司生产的纸材采用了熔化温度较高的粘结剂和特殊的改性添加剂，成型的制件表面光滑，有的材料能在200℃下工作，制件的最小壁厚可达0.3～0.5mm。成型过程中只有很小的翘曲变形，即使间断地进行成型也不会出现不粘结的裂缝。成型后工件与废料易分离，经表面涂覆处理后不吸水，有良好的稳定性。

（2）热熔胶

用于LOM纸基的热熔胶按基体树脂划分，主要有乙烯-醋酸乙烯酯共聚物型热熔胶、聚酯类热熔胶、尼龙类热熔胶或其混合物。热熔胶要求有如下性能：

①良好的热熔冷固性能（室温下固化）。

②在反复"熔融-固化"条件下其物理化学性能稳定。

③熔融状态下与薄片材料有较好的涂挂性和涂匀性。

④足够的粘结强度。

⑤良好的废料分离性能。

目前，EVA型热熔胶应用较广。EVA型热熔胶由共聚物EVA树脂、增粘剂、蜡类和抗氧剂等组成。增粘剂的作用是增加对被粘物体的表面粘附性和胶接强度。随着增粘剂用量增加，流动性、扩散性变好，能提高胶接面的湿润性和初粘性。但增粘剂用量过多，胶层变脆，内聚强度下降。为了防止热熔胶热分解、胶变质和胶接强度下降，延长胶的使用寿命，一般加入0.5%～2%的抗氧剂；为了降低成本，减少固化时的收缩率和过度渗透性，有时加入填料。热熔胶涂布可分为均匀式涂布和非均匀涂布两种。均匀式涂布采用狭缝式刮板进行涂布，非均匀涂布有条纹式和颗粒式。一般来讲，非均匀涂布可以减少应力集中，但涂布设备比较贵。

LOM原型的用途不同，对薄片材料和热熔胶的要求也不同。当LOM原型用作功能构件或代替木模时，满足一般性能要求即可。若将LOM原型作为消失模进行精密熔模铸造，则要求高温灼烧时LOM原型的发气速度较小，发气量及残留灰分较少等。而用LOM原型直接作模具时，还要求片层材料和粘结剂具有一定的导热和导电性能。

薄材叠层制造成型技术的优点如下：

1）成型速度较快。由于只需要使用激光束沿物体的轮廓进行切割，无须扫描整个断面，因些成型速度很快，常用于加工内部结构简单的大型零件。

2）无须设计和制作支撑结构。

3）可进行切削加工。

4）可制作尺寸大的原型。

薄材叠层制造成型技术缺点如下：

1）不能直接制作塑料原型。

2）原型的抗拉强度和弹性不够好。

3）原型易吸湿膨胀，因此成型后应尽快进行表面防潮处理。

4）原型表面有台阶纹理，难以构建形状精细、多曲面的零件，因此成型后需进行表面打磨。

5）切割的材料无法二次利用，形成材料的浪费。

由于传统的LOM成型工艺，$CO_2$激光器成本高，且原材料种类过少，纸张的强度偏弱，容易受潮等原因，传统的LOM已经逐渐退出3D打印的历史舞台。

3．提高薄材叠层制造成型精度的措施

1）在进行STL转换时，可以根据零件形状的不同复杂程度来定。在保证成型件形状完整平滑的前提下，尽量避免过高的精度。不同的CAD软件所用的精度范围也不一样，如Pro/E所选用的范围是0.01～0.05mm，UGⅡ所选用的范围是0.02～0.08mm。如果零件细小结构较多，可将转换精度设高一些。

2）STL文件输出精度的取值应与相对应的原型制作设备上切片软件的精度相匹配。过大会使切割速度严重减慢，过小会引起轮廓切割严重失真。

3）模型的成型方向会对工件品质（尺寸精度、表面粗糙度、强度等）、材料成本和制作时间产生很大的影响。一般而言，无论哪种快速成型方法，由于不易控制工件Z方向的翘曲变形，工件的X-Y方向的尺寸精度都比Z方向的更易保证，应该将精度要求较高的轮廓尽可能放置在X-Y平面。

4）切碎网格的尺寸有多种设定方法。当原型形状比较简单时，可以将网格尺寸设大一些，以提高成型效率；当形状复杂或零件内部有废料时，可以采用变网格尺寸的方法进行设定，即在零件外部采用大网格划分，零件内部采用小网格划分。

5）处理湿胀变形的一般方法是涂漆。为考察原型的吸湿性及涂漆的防湿效果，选取尺寸相同的通过快速成型机成型的长方形叠层块经过不同处理后，置入水中10min进行实验，其尺寸和重量的变化情况见表3-3。

表3-3　叠层块的湿胀变形引起的尺寸和重量变化

| | 叠层块初始尺寸/<br>（X/mm×Y/mm×Z/mm） | 叠层块初始重量/g | 置入水中后的尺寸/<br>（X/mm×Y/mm×Z/mm） | 叠层方向增加高度/mm | 置入水中后的重量/g | 吸入水分的重量/g |
|---|---|---|---|---|---|---|
| 未经过处理的叠层块 | 65×65×110 | 436 | 67×67×155 | 45 | 590 | 164 |
| 刷一层漆的叠层块 | 65×65×110 | 436 | 65×65×113 | 3 | 440 | 4 |
| 刷两层漆的叠层块 | 65×65×110 | 438 | 65×65×110 | 0 | 440 | 2 |

从表3-3可以看出，未经任何处理的叠层块对水分十分敏感，在水中浸泡10min，叠层方向便涨高45mm，水平方向的尺寸也略有增长，吸入水分的重量达164g。说明未经处理的LOM原型是无法在水中进行使用的，或者在潮湿环境中不宜存放太久。为此，将叠层块涂上薄层油漆进行防湿处理。从实验结果看，涂装起到了明显的防湿效果。在相同浸水时间内，叠层方向仅增长3mm，吸水重量仅4g。当涂刷两层漆后，原型尺寸已得到稳定控制，防湿效果已十分理想。

纸材的最显著缺点是对湿度极其敏感，LOM原型吸水后叠层方向尺寸增长，严重时叠层会相互之间脱离。为避免因吸水而引起这些后果，在原型剥离后应迅速进行密封处理。表面涂覆可以实现良好的密封，同时可以提高原型的强度和抗热、抗湿性。

后来又出现了LOM的改进技术，用PVC覆膜材料代替了传统的纸片，用切割刀代替了价格昂贵的$CO_2$激光器，极大地降低了使用成本。与传统的LOM工艺相比，PVC材料具有良好的物理特性，强度和韧性更高，表面光滑，可以打印透明的零部件。

 **扩展阅读** ● ● ●

### 电子束熔融成型法介绍

除了前面介绍的3D打印技术工艺外，还有一些新型工艺，如电子束熔融成型法（Electron beam melting，EBM）。该工艺与SLM工艺（SLS工艺的一种，材料为金属粉末）很相似，最大的不同点是SLM采用的是激光束熔化金属，而EBM采用电子束熔化金属。其工作原理如图3-25所示。

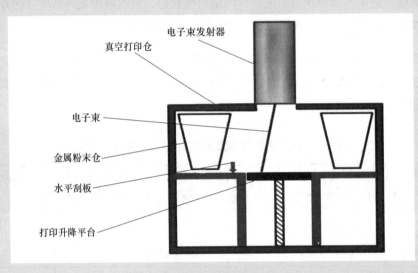

图3-25　EBM技术的工作原理

电子束由位于真空腔顶部的电子束枪生成。电子枪是固定的，而电子束则可以受控转向，到达整个加工区域。电子从一个丝极发射出来，当该丝极加热到一定温度时，就会放射电子。电子在一个电场中被加速到光速的一半，然后由两个磁场对电子束进行控制。第一个磁场扮演电磁透镜的角色，负责将电子束聚焦到期望的直径，然后第二个磁场将已聚焦的电子束转向到工作台上所需的工作点。

因为具有直接加工复杂几何形状的能力，所以EBM工艺非常适合于小批量复杂零件的直接量产。该工艺使零件定制化成为可能，而且为CAD to Metal 工艺优化的零件，可以获得用其他制造技术无法形成的几何形状。该工艺直接使用CAD数据，一步到位，所以速度很快。设计师从完成设计开始，在24h内即可获得全部功能细节。与砂模铸造或熔模精密铸造相比，使用该工艺，交货时间将会显著缩短。

## ▶ 课堂讨论

4人一组分组进行讨论，时间为5min，组内代表进行总结发言。

薄材叠层制造成型技术的最大的优势是什么？

_____

_____

对比一下薄材叠层制造成型技术、光固化成型技术、选择性激光烧结技术的原理，说一说它们之间的异同点。

_____

_____

## ▶ 模块总结

本模块学习了3D打印的几种核心工艺原理，每一种工艺原理都有其优缺点，要根据实际情况选择合适的方法和材料进行加工。几种3D打印工艺方法的比较见表3-4。

表3-4　几种3D打印工艺方法的比较

| 指　标 | SLA | SLS | FDM | 3DP | LOM |
|---|---|---|---|---|---|
| 成型速度 | 较快 | 较慢 | 较慢 | 较快 | 较快 |
| 原型精度 | 高 | 较高 | 较低 | 高 | 一般 |
| 制造成本 | 较高 | 较低 | 低 | 较高 | 一般 |
| 复杂程度 | 复杂 | 复杂 | 简单 | 较复杂 | 较复杂 |
| 零件大小 | 中小 | 中小 | 中小 | 中小 | 中大 |
| 常用材料 | 热固性光敏树脂等 | 石蜡、塑料、金属、陶瓷等粉末 | 石蜡、尼龙、ABS、PLA、低熔点金属 | 高性能复合材料（类石膏粉）、亚克力塑料颗粒、砂 | 纸、塑料、金属箔、薄膜 |

根据要求，完成以下模块任务和模块练习。

# 模块任务

● **任务背景**

上一家企业在听了你给他们讲解的3D打印的原理和流程等操作细节之后，感到非常满意，认为你的思路清晰，讲解透彻。所以他们希望你再为他们继续培训3D打印的相关技术，主要讲解不同打印技术的原理、优缺点、应用领域、前景等。正好你也刚刚学完了相关技术方面的知识，于是决定用1h的时间给企业人员进行3D打印4种主流技术的培训。

● **任务形式**

每5人一组，每个人都写一份培训课程手册，简单呈现要讲解的内容后，进行情景演练。

● **任务介绍**

一名同学作为培训人员，其他同学作为企业人员，向培训人员提问，培训人员根据课堂学到的知识进行回答。每组推选出讲解最好的同学上台进行"培训"。

● **任务要求**

任务开始后有20min演练时间，教师可请两组同学上台进行展示。其他同学对每组同学的表现进行点评。期间，教师对小组进行引导及时间提示。最后对小组表现进行总结。

● **任务总结**

1）_____

2）_____

3）_____

# 模块练习

1）用思维导图的形式概括出本模块学习的主要内容。

2）课后查阅资料，了解除了4种主流技术之外的其他3D打印技术。

# 模块4

## 认识3D打印机 ◀

科技发展日新月异，从第一台3D打印机问世到现在，3D打印机的种类也在不断地增加，有的甚至可以打印出食品和眼角膜了。3D打印机再也不是人们陌生的机器，很多设计人员会在自己家里放置一台小型的桌面级3D打印机，以便印证自己的设计方案是否可行。下面要来认识不同种类的打印机，了解打印机的基本构造，同时学习3D打印机基本的维护和保养方法。

本模块的学习目标如下：

- 认识不同种类的3D打印机。

- 了解3D打印机的基本构造和工作流程。

- 掌握3D打印机的维护和保养方法。

# 4.1 认识不同种类的3D打印机

## ▶课前讨论

下面讨论以下几个问题。

● 3D打印机都是什么样子的?

● 3D打印机都有哪些类型?

● 3D打印机都可以打印哪些东西?

## ▶知识储备

如今,市场上的3D打印机种类繁多,在了解其基本类型之前先了解一些打印机工作的基本原理。

1. 3D打印机的基本工作原理

3D打印是一种以数字模型文件为基础,采用不同制作工艺,运用粉末状或丝状材料,通过逐层打印的方式来构造物体的技术。过去其常在模具制造、工业设计等领域被用于制造模型,现正逐渐用于一些产品的直接制造,意味着这项技术正在普及。

3D打印机将虚拟的数字化三维模型直接转变成了实体模型。3D打印的基本原理如图4-1所示。

图4-1 3D打印的基本原理

在操作上，3D打印机与普通打印机打印一份文件一样：单击计算机屏幕上的"打印"按钮，数字文档就会被输送到喷墨打印机那里，打印机在一张纸的表面留下一层油墨，从而创造出一个二维图像。然而，在3D打印机的打印过程中，通过一台计算机的辅助设计，3D打印软件把图像分解为一系列数字切片，并把描述这些数字切片的信息输送到3D打印机中，打印机便连续不断地增加薄层，直到一个坚固的物体出现为止。这两种打印机最大的区别是，3D打印机所使用的"墨水"是一种粉末状或者丝状的材料。

2．3D打印机的分类

3D打印机的分类方法如下。

（1）按照打印机的大小分类

按照打印的大小可以将3D打印机分成桌面级3D打印机和工业级3D打印机。

工业级3D打印机（见图4-2）一般比较大，可以打印的物体也是偏大的，一般用于工业产品的制造，如打印一些零部件和模具。根据工艺不同使用的材料也是各不相同的。

桌面级3D打印机（见图4-3）一般比较小，就像普通的打印机一样可以直接放置在桌面上打印物体。这种打印机基本上采用的都是FDM工艺技术，更多地应用于日常生活之中，如打印一些小零件或者小玩具。同时，这种打印机因为其简单轻便的优势也很受设计师的欢迎，很多设计师会购置3D打印机来印证自己的设计是否可行。

图4-2　工业3D打印机

图4-3　桌面3D打印机

### 世界最小的3D打印机

　　随着3D打印技术的不断创新，人们对制造技术需求的不断增加，3D打印机已经成为了设计公司和设计师们的新宠。XEOS 3D打印机是德国工业设计师斯特凡·赖克特（Stefan Reichert）的杰作。它的设计非常紧凑，设备长47cm、宽25cm、高43cm，是目前体积最小的3D打印机。它的最大打印尺寸达到122mm×122mm×122mm，虽然与Makerbot相比要小一些，但是考虑到设备本身的尺寸，这样的成绩已算不错。

XEOS 3D打印机能够完美地融入那些不具备配置较大型打印机、数控铣床和旋床能力的小型办公空间。XEOS 3D打印机采用了一种革新的打印机控制臂，其设计灵感来自一种机械手臂。这种打印机控制臂的采用，使XEOS 3D打印机的外壳体积比市场上目前最小的3D打印机外壳减小了66%。使用XEOS 3D打印机可以直接在桌面上迅速创建和验证几何图形。

XEOS 3D打印机具有简洁的内部构造和两个透明视窗，为打印过程创建了一个直观的"舞台"。它还具有简单、直观的控制系统，以及步进式软件支持程序Mac/PC和Pads，这些程序可以通过WiFi连接到打印机。XEOS 3D打印机能够引导用户进行操作，甚至能帮助第一次使用它的用户成功操作。

XEOS 3D打印机外壳上只有一个"stop and open（停止并打开）"按钮，可以简化控制，并避免超载运行。在停止作业15min后，打印机会自动进入待机模式，并在接收到下一个打印作业信号时重新运行。在机体的遮光玻璃后有一个大号LED屏状态栏，用户可以通过它监视打印进度。该状态栏很清晰，即使在另一个房间里也能看到。

XEOS 3D打印机采用了一种革新的打印机控制臂，其设计灵感来自一种机械手臂。为了能在有限的空间获得最大的打印区域，XEOS 3D打印机舍弃了传统桌面机利用导杆和电机控制喷头的方案，而是受到机械臂的启发，将喷头运动和定位的任务交给了由3段连杆和电机组成的控制。

（2）按照打印机的成型原理分类

按照打印机所使用的成型原理的不同，可以将3D打印机分为FDM（Fused Deposition Modeling 熔融沉积快速成型技术）打印机、SLA（Stereo Lithography Appearance，光固化成型技术）打印机、SLS（Selected Laser Sintering，选择性激光烧结成型）打印机、LOM（Laminated Object Manufacturing，薄材叠层制造）打印机、三维打印成型技术（3DP）打印机等。

（3）按照打印机打印物体的颜色分类

有些打印机只能支持一种颜色的物体的打印，而有的打印机可以支持很多种颜色的打印。只有一种颜色的打印机称为单色3D打印机（见图4-4），只有两种颜色的打印机称为双色3D打印机（见图4-5），支持彩色打印的打印机称为全彩3D打印机。目前只有3DP技术的打印机是支持全彩的。

图4-4　单色打印的笔筒

图4-5　双色打印的花瓶

（4）根据打印机的打印喷头的数量分类

根据FDM打印机的打印喷头的数量可以将3D打印机分为单头打印机（见图4-6）、双头打印机（见图4-7）和多头打印机。这是相对于FDM工艺技术来进行分类的，因为FDM打印机是使用喷头将打印材料的丝从喷头挤出层层堆叠的。目前单头打印机比较多，因为相对而言单头打印的物体精度要更高一些。虽然双头打印机起步较晚，但是最近得到了普及。

图4-6　单头打印

图4-7　双头打印

（5）按照材料薄层结合的方式不同分类

按照3D打印机打印时材料的薄层结合的方式不同可以将3D打印机分为喷墨3D打印机、粉剂3D打印机和生物3D打印机。

1）喷墨3D打印机。部分3D打印机使用喷墨打印机的工作原理进行打印（见图4-8）。某企业生产的3D打印机利用喷墨头在一个托盘上喷出超薄的液体塑料层，并经过紫外线照射而凝固。此时，托盘略微降低，在原有薄层的基础上添加新的薄层。另一种方式是熔融沉积成型。FDM应用的就是这种方法，具体过程是在一个（打印）机头里面将塑料融化，然后喷出丝状材料，从而构成一层层薄层。

2）粉剂3D打印机。大多数工业3D打印机利用粉剂作为打印材料（见图4-9）。这些粉剂在托盘上被分布成一层薄层，然后通过喷出的液体粘结剂而凝固。在一个被称为激光烧结的处理程序中，通过激光的作用，这些粉剂可以熔融成想要的样式。现在，能够用于3D打印的材料范围非常广泛，塑料、金属、陶瓷以及橡胶等材料都可用于打印。有些机器可以把各种材料结合在一起。

图4-8　喷墨3D打印机

图4-9　粉剂3D打印机

3）生物3D打印机。生物3D打印机其实就是使用3D打印机去复制一些简单的生命体组织，如皮肤、肌肉及血管等。有可能，大的人体组织（如肾脏、肝脏甚至心脏）在将来的某一天也可以进行打印（见图4-10）。如果生物打印机能够使用病人自己的干细胞进行打印，那么在进行器官移植后，其身体就不可能对打印出来的器官产生排斥。

图4-10 生物3D打印机

3D打印机还可以有很多的分类，如按照应用领域的不同，可以分为工业3D打印机、人像3D打印机（见图4-11）、食品3D打印机（见图4-12）、生物3D打印机等；按照打印的精度不同，可以分为个人3D打印机和专业3D打印机等。其实了解一个3D打印机主要就是要关注打印机的应用技术、耗材（类别和颜色）、成型尺寸、精度、应用领域等这几个会影响到打印效果的方面。

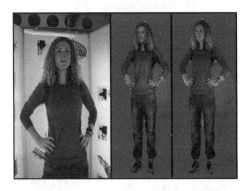

图4-11 人像3D打印

图4-12 巧克力3D打印

---

**扩展阅读**

### 3D打印机常见问题解答

1. 3D打印机是万能的吗？

答：至少目前3D打印机并不是万能的，它的生产制品受到原料耗材的制约。如果材料学有突破，则它会更加完美。

2. 3D打印机会取代传统制造吗？

答：目前看来不会，它可以改变传统制造过程中某些环节，使其更高效、更节省成本。

3. 3D打印机能直接打印出彩色吗？

答：专业级和生产级的3D打印很多已经能够直接打印出有颜色的物品了。目前，某些3D打印机能支持390 000色的打印。个人级的3D打印机可以通过选择有色原料，也可以制作单色的物品。

4. 为什么3D打印机有几千元的也有几十万元的？

答：3D打印机产品针对的市场不同分为个人级、专业级、生产级，结构和采用技术、耗材各不相同，所以价格差距很大。

5. 什么是开源3D打印机？

答：开源是指某公司设计出一个产品，这个产品的核心技术对外免费开放，允许二次开发不存在技术专利。开源3D打印机对这个行业的发展带来很大的帮助，通过爱好者对开源3D打印机的DIY研究，能使3D打印机技术更成熟，设备成本更低。

6. 购买3D打印机需要注意那些产品参数？

答：

1）打印技术：不同的打印技术需要使用不同的耗材，从而决定了产品的品质。

2）托盘尺寸：能制作多大的物件要看这个托盘尺寸，一般来说最大支持的物件尺寸稍略小于托盘尺寸。

3）成型速度：衡量3D打印机制作快慢的指标。

4）细节精度：3D打印机制作的物品是否精细除了设计3D模型以外，这个指标也很关键。

5）支持的耗材：不同的材料直接影响制作出物品的质量，同时不同的耗材原料价格也差距很大。

# 课堂讨论

4人一组分组进行讨论，时间为5min，组内代表进行总结发言。

在了解了3D打印的分类之后，讨论3D打印机的种类有哪些？

试着在网上搜索一些不同种类的3D打印机，并举例来说明。

# 4.2 3D打印机的基本构造和工作流程

## 课前讨论

下面讨论以下问题：

● 3D打印机一定包括哪些部分？

● 3D打印机的哪个部分是最重要的？

● 不同种类的3D打印机的主要构造相同吗？区别在哪里？

## 知识储备

下面来介绍FDM工艺3D打印机的主要构成和组装方法。

### 1. 3D打印机的体系结构

基于FDM工艺的3D打印机从控制结构上看，分为上位机和底层控制两层。上位机主要运行三维设计软件、切片软件、打印控制软件等。底层控制包括嵌入式微控制器、主板、步进电机、电机驱动器、限位开关、热塑材料挤出机、打印平台、温度传感器等。3D打印机的体系结构如图4-13所示。

上位机可以是笔记本或PC，三维设计软件、切片软件、控制程序都运行在上位机上面。底层控制主要负责打

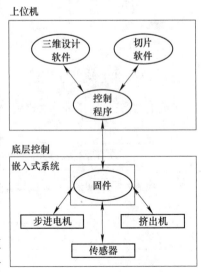

图4-13 3D打印机的体系结构

印的执行，控制器主板连接3D打印机所需要的所有不同的硬件到微控制器。主板特别需要能承受大负载的转换硬件，以便转换到打印平台和挤出器加热端的高电流环境。主板要能读入温度传感器的输入信号，也要能从大电流电源生成整个系统的能源集线器。主板与每个轴的限位开关进行交互，并对打印头在打印前进行精准定位。微控制器可以和主板集成在一起也可以分离开来。它可以读取并解析温度传感器、限位开关等传感器，也可以通过电机驱动器控制电机，并转换到高负载通过MOSFETs晶体管电路。微控制器用分离的步进电机驱动器来控制电机。微控制器用Arduino开源硬件作为基础部件。电源采用ATX电源等进行供电应，电压在12～24V，电流在8A以上，整个打印机的最大消耗电源部件是挤出器和打印平台。

2．3D打印机的工作流程及各部件关系

在如图4-13所示的控制结构下，3D打印机的工作流程如图4-14所示。3D模型的构建及模型的检查与修改器由三维设计软件来实现，模型的切片及计算刀具路径由切片软件来实现，控制底层固件打印由控制程序来实现。整个过程从3D模型开始，它是STL格式的，该模型需适应3D打印机的尺寸。控制程序获取3D模型，并把它送给切片程序。切片器程序把3D模型切分成适合于3D打印的切片。这个过程告诉3D打印机把挤出器移动到哪、何时挤出、挤出多少的G代码。这些G代码被打印机控制软件发送给微控制器上的固件。固件是装载在微控制器的特殊的程序代码，它负责解析从打印机控制程序发来的G代码命令，控制所有的电器元件（包括步进电机和加热器）。固件根据从控制程序发来的指令来建造3D模型，并把温度、位置和其他信息发送给控制程序。

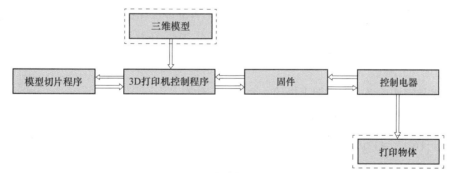

图4-14 3D打印机的工作流程

下面以某3D打印机为例来讲解3D打印机是如何工作的。

首先使用CAD软件来创建物品，如果有现成的模型也可以，如动物模型、人物或者微缩建筑等；然后通过SD卡或者U盘把它复制到3D打印机中，进行打印设置后，打印机就可以把它们打印出来了。其工作结构分解图如图4-15所示。3D打印机的工作原理和传统打印机基本一样，都是由控制组件、机械组件、打印头、耗材和介质等架构组成的。3D打印机主要是在打印前在计算机上设计了一个完整的三维立体模型，然后再进行打印输出。

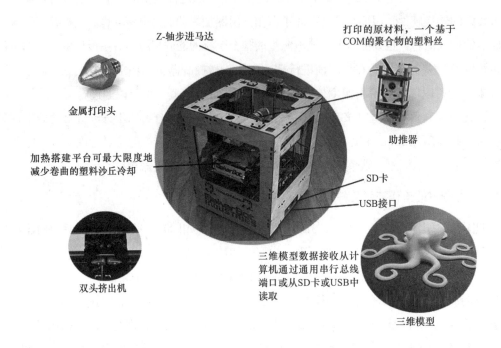

Z-轴步进马达

打印的原材料，一个基于COM的聚合物的塑料丝

金属打印头

加热搭建平台可最大限度地减少卷曲的塑料沙丘冷却

助推器

SD卡

USB接口

三维模型数据接收从计算机通过通用串行总线端口或从SD卡或USB中读取

双头挤出机

三维模型

图4-15　3D打印机工作结构分解图

### 3．3D打印机的组装

FDM型3D打印机的机械部分最为复杂，涉及的零部件也比较多。要制作一台完整的FDM型3D打印机，首先要制作3D打印机的外部基本框架结构，在此框架上才能安装搭建其他的零部件。

框架组装完成后需要在框架上搭建一个三轴联动的平台，即控制打印头在X、Y方向（前后、左右）的运动（见图4-16），打印台在Z方向的运动，X、Y轴分别采用两个步进电机驱动。通过光杠的导向作用同步带动支架运动，进而带动打印头在X、Y轴的运动。同样，Z轴（上下）也采用步进电机驱动。步进电机与丝杠相连，带动丝杆在Z轴运动，同时Z轴需要安装两根光杠来起导向作用，以带动打印台在Z轴方向的运动。

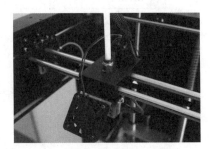

图4-16　3D打印机的X、Y、Z轴

对于3D打印机而言，挤出头是其核心部件（见图4-17），就市面上比较有名的FDM型3D打印机而言，大多数采用加热棒对铝块进行加热，塑料丝通过挤出机将丝从进口端挤入，通过

喉管导向，到达铝块，经过熔化，进入喷嘴，最后由喷嘴挤出。在挤出头外加散热片和风扇，主要是为了降低喉管上部的温度。

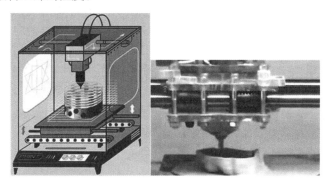

图4-17　3D打印机打印喷头

加热溶化后的塑料丝由喷嘴挤到打印台上，为了减少塑料因温度骤减而发生翘边和收缩不良的现象，将打印台做成加热床（见图4-18），床内有热敏电阻与电路板相连，来控制加热床的温度。

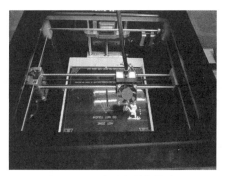

图4-18　3D打印机的加热床

最后将打印材料安装在打印机上。具体的操作因为不同的机器会有区别，大家可以参考学校提供的3D打印机来进行学习。

### 3D打印机的结构及元器件

　　3D打印机由控制电路、驱动电路、数据处理电路、电源及输入/输出模块这几个部分构成。重庆大学自动化学院罗克韦尔实验室将AⅢ 3D打印机（见图4-19）拆解开来，对其主要元器件逐个进行分析。从外观来看，采用FDM熔融层积成型技术面向的个人消费者的3D打印机的结构并不复杂，甚至有点简陋。目前，消费级的3D打印机主要都由PC电源、主控电路、步进电机及控制电路、高温喷头和工件输出基板这几个部分组成，外面用木板来固定，采用非密闭式铸模平台。AⅢ 3D打印机相对比较高端，不仅能够通过USB连接线连接计算机进行打印控制，还能够插入存储有3D模型文件的SD卡，通过LCD打印控制界面来进行控制打印。

　　AⅢ 3D打印机的核心是一块采用ATmega1280-16AU（16MHz）8位AVR微处理器的主电路板，通过这块主电路板将处理后的3D模型文件转换成X、Y、Z轴和喷头供料的步进电机数据，交给4个步进电机控制电路进行控制，然后让步进电机控制电路控制工件输出基板的X-Y平面移动、喷头的垂直移动和喷头供料的速度，比较精确地让高温喷头将原料（ABS塑料丝）融化后一层一层地喷在工件输出基板上，形成最终的实体模型。

　　从硬件结构上来说，AⅢ 3D打印机并不复杂，成本也并不是太高，据重庆大学自动化学院副院长林景栋教授介绍，其主控制电路成本也就100元左右，一套步进电机和控制电路的成本也在100元左右，可加热的工件输出基板和喷头成本也不是太高。它配备的航嘉磐石355电源售价超过200元，可能是这款打印机里面硬件成本最高的配件。

　　工作中的AⅢ3D打印机，其X轴和Y轴采用传动带传动，Z轴为精度更高的螺杆传动，左侧的白色塑料丝就是3D打印的原材料。

　　原本直径为1.7mm的ABS塑料丝经过温度高达225℃的高温喷头，喷出直径为0.4mm的细丝（见图4-20）。

图4-19　AⅢ 3D打印机

图4-20　打印机喷嘴正在喷丝

　　步进电机控制高温喷头将融化后的ABS塑料丝喷在110℃输出基板上，将输出模型的底板固定，然后开始逐层打印（见图4-21）。

　　AⅢ 3D打印机由主电路板、4个步进电机控制电路板、1个喷头控制电路板构成（见图4-22）。主电路板采用标准的PC电源接口，所有步进电机控制电路板和喷头控制电路板所需的控制信号都由主电路板发出（见图4-23）。

　　以ATmega1280-16AU 8位AVR微处理器为核心的主电路板（见图4-24）。

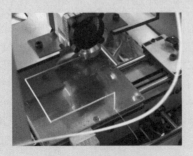

图4-21　开始逐层打印

图4-22　AⅢ 3D打印机线路构成

图4-23 主电路板构成

图4-24 以8位AVR微处理器为核心的主电路板

## 课堂讨论

4人一组分组进行讨论，时间为5min，组内代表进行总结发言。

在了解了3D打印机的结构之后，讨论3D打印机主要包含了哪些结构？试着说一说学校的3D打印机的构造。

_____

_____

试着说明3D打印机的工作流程和原理。

_____

_____

# 4.3 3D打印机的维护与保养方法

## 课前讨论

下面讨论以下问题：

- 3D打印机的损耗主要体现在哪些地方？
- 对3D打印机进行维护和保养，首先应采取什么措施？
- 3D打印机的损耗会对3D打印机带来哪些影响？

## ▶ 知识储备

目前，3D打印机的价格还比较昂贵，只有掌握了良好的维护保养3D打印机的方法，才能最大限度地延长3D打印机的寿命。同时，良好的操作习惯，以及经常性的保养工作也能够让打印机更好地发挥功能，打印出高精度的物体。

1. 提高打印精度

3D打印机的说明书上都有一大堆参数，用户最关心的也就是打印精度，不过说明书上并不是直接标注打印精度，而是在各项参数上标明指标。虽然决定打印精度的因素有很多，但基本上通过X、Y、Z 3个轴的最小位置精度和喷嘴直径就可以确定这台3D打印机的最大打印精度了。

影响3D打印机精度的主要是喷嘴的直径和3个轴的最小位置精度。如果从喷嘴喷出的材料直径比较细，就可以把模型细微的结构体现出来，再通过位置的移动，控制打印出高品质的模型。如果位置精度不够，则会出现喷丝之间的间隔过大从而导致打印出参差不齐的次品。一般来说，位置精度是根据喷嘴来调整的，把喷丝之间紧密地结合在一起就是最佳的位置精度，打印出来的模型品质也是最高的。

在使用3D打印机的过程中也可以调整位置精度来控制打印速度，如果一个模型对精度方面的要求不高，就可以把位置移动参数调大，降低打印精度。通过这个小技巧就能节省很多的打印时间。

影响打印物体最终精度的因素不仅有3D打印机本身的精度，还有一些其他因素。其中比较重要的是3D模型前期处理造成的误差。对于绝大多数3D打印设备而言，开始打印前必须对3D模型进行STL格式化前期处理，以便得到一系列的截面轮廓。事实上，STL格式已成为3D打印行业的通用标准。在计算机数据处理能力足够的前提下进行STL格式化时，应选择更小、更多的三角面片，使之更接近原始三维模型的表面，这样可以降低由STL格式化所带来的误差影响。

## 3D打印速度与精度的关系

　　熔丝堆积型的3D打印机制造模型是用像笔头那样的挤出头将熔化的塑料细条挤出，慢慢一层一层堆积成需要的模型的。这个过程比较慢，但是如果把速度提高上去，不仅会对机器的精度和电机、电源提出更高要求，同时由于机件高速移动造成的振动也会极大影响打印件的精细度。

　　图4-25和图4-26所示的两个打印件都是用PLA塑料，以0.2mm层高、无支撑结构的设定打印出来的，区别在于左边的蜥蜴打印速度是30mm/s，而右边的则是100mm/s的高速。

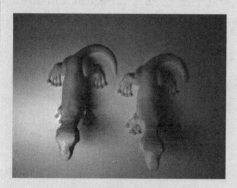

图4-25　慢速打印的蜥蜴

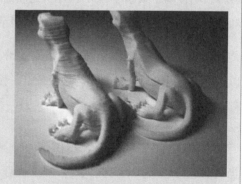

图4-26　快速打印的蜥蜴

　　对于左边慢速打印的蜥蜴，可以看出虽然纵向能看出层层堆积造成的环状纹理，但大体上还是比较光滑的（见图4-27）。而右边快速打印的蜥蜴，很明显就粗糙多了，肉眼可见一圈圈的各种凹凸（见图4-28），这是由于打印头高速移动时由于惯性和振动造成的微小偏移造成的。

图4-27　慢速打印的蜥蜴的细节图

图4-28　快速打印的蜥蜴的细节图

2．日常维护保养

为了保证机器能长期稳定运行，提高工作效率，延长机器的使用寿命，通常需要注意对打印机进行日常的维护与保养。其实对于3D打印机来说，不需要专门的维护。但是有些机器部件，特别是一些不断运动的部分，随着运行时间的增加，会出现一定的磨损。如果想使机器一直处于良好的运行状态，则应该注意日常的保养，谨记一些注意事项，尽量避免打印过程中出现异常。

（1）调整传动带松紧度

一般来说，传动带不能太松，但也不能太紧，不要给电机轮轴和滑轮太多的压力。传动带安置好之后，感觉一下转动滑轮是否有太多的阻力。当拉动传动带时，如果传动带发出比较响的声音，表明传动带太紧了。3D打印机运转时应该几乎是无声的。如果电机发出噪声，则表明传动带太紧。但如果传动带自然下垂，则表示传动带过松。

传动带的松紧机制取决于固定电机的插槽。很多3D打印机选用插槽而不是固定的圆孔，这可以让电机平行于滑动轴转动。拧松螺钉，移动电机，可以调整传动带的松紧度，当达到适当的程度时，再拧紧螺钉。

（2）清理X、Y和Z杆

当机器运行起来振动有些大时，需要清理一下滑杆。所有的轴杆在没有任何振动的情况下，保证能够平行滑动，添加一些润滑油可以清理滑杆，减少摩擦，使套管和滑杆之间的磨损最小化。

3D打印机的Z轴是很重要的，它控制着打印工件的高度、厚度。它的精度是由母件与丝轴配合来决定的。一般3D打印机（立体成型机）的Z轴与母件配合精度为0.05mm，所以在Z轴上不可有污物或油泥。Z轴的母件中间有润滑油，两端有自清洁母件，但清洁能力不够，还需要人为清理，半年清理一次。清理方法很简单，用干净的牙刷横向轻扫Z轴，从上至下即可，不要用布或者纸类，否则会有残留线头或纸屑，影响Z轴转动。

（3）绷紧螺栓

螺栓可能会慢慢地变松，特别是在X、Y、Z轴上。变松的螺栓可能会引起一些问题或者噪声。如果遇到这样的问题，拿工具把螺栓拧紧即可。

（4）保护打印平台

在打印平台上贴上胶带，这样可以防止从平台取下打印物体时破坏平台上的贴膜。如果取下物体时不小心将胶带划坏，则只需要将坏胶带揭下，然后重新贴上即可。

（5）注意事项

● 机器在正常打印过程中不能直接断电，如需要停电，则先关闭系统，再关闭电源。

● 机器的顶盖要先关闭才能进行打印，机器在运行状态下，切勿开盖。

● 加换材料时，先暂停打印，然后换上新的材料盒，关上材料抽屉再继续打印。如果在打印进行中而又不暂停打印就进行加换材料盒，则必须在1min内装上材料并关上材料抽屉。

● 清理托盘上的残余材料及灰尘时，应避免将其清入机器内部及打印头，从而导致器件破坏。

● 如果需要在晚上或者周末打印时，要有"工作中，勿断电"的提示，以免被误断电。

● 3D打印机的固件也需要经常进行升级，以保证长期的正常运作。

---

**扩展阅读**

## FDM桌面3D打印机常见故障的处理

1. 打印物体翘边

引起模型翘边的原因有平台过低，喷嘴和热床温度过低，喷嘴出料口冷却不足。

（1）平台过低

加热平台由平台下方的4颗调节螺柱固定，在3D打印机工作前，如果未将平台与喷嘴之间的间隙调至合适距离，将会导致出料粘接不牢引起翘边。根据环境、耗材等因素可适当将间隙调小。

（2）喷嘴和热床温度

目前，应用最为广泛的耗材为PLA和ABS。PLA的打印温度为190～210℃，ABS为230℃左右，热床一般为60～70℃最佳。

（3）出料口冷却不足

冷却风扇在出厂时已经设定为打印全程满速。检查风扇是否停转或转速过低。如有异常，将之拆下更换同型号即可。出料口冷却风扇位于喷嘴左侧。

2. 堵头

堵头俗称堵料。产生堵头的原因有很多，包括喷嘴温度、冷却、耗材有杂质或操作不当等。

（1）喷嘴温度过低

喷嘴温度过低会导致熔丝缓慢，来不及出丝引起堵料。送丝速度、喷嘴温度、喷嘴熔池、出料口大小都是经过反复研究实验论证得出的，如果单方面有变动，就会出现此类情况。

（2）冷却

此处冷却风扇在出料口冷却风扇上方对面。如果风扇停转或异常请更换风扇。

3. 打印断层

打印断层的主要原因是出丝不均。出丝不均会导致打印时偶尔喷出一大块融化的丝料。

4. 打印漂移

打印漂移又称打印错位，其直接原因是打印速度设置过高。如果修改出厂默认参数，则可能会导致电机严重发热、损坏、内部结构膨胀，引起动态反应迟钝，最终出现失步形成打印漂移现象。

## ▶ 课堂讨论

4人一组分组进行讨论，时间为5min，组内代表进行总结发言。

在了解了3D打印机的日常维护和保养方法之后，根据学校的机器来做一个保养方案，谈谈如何对学校的3D打印机进行保养？

_____

_____

试着按照做的方案来进行操作，操作中有没有遇到什么问题呢？

_____

_____

## ▶ 模块总结

本模块主要学习了3D打印机的分类以及FDM3D打印机的主要构造。

根据要求，完成以下模块任务和模块练习。

## ▶ 模块任务

### ● 任务背景

学校要组织一次小发明设计比赛。你和你的同学在了解了3D打印机的分类、组成和工作流程之后，也想要试着设计出一款桌面型3D打印机来参加比赛。于是你们开始画设计图，将3D打印的基本构成在图纸中体现出来，同时在设计图纸边注明该3D打印机的主要作用和特点。

### ● 任务形式

教师根据学生人数，把学生分组，每组2～3名同学合作完成任务。

### ● 任务介绍

1）画3D打印机的设计图，需要包含3D打印机的主要构造，以及3D打印机的尺寸、颜色等。

2）介绍自己设计的3D打印机的主要特点，包括打印的精度、打印的耗材、打印的物体及其颜色等。

3）选出代表来进行发言，最后评选出一等奖、二等奖各一名。

### ● 任务要求

1）5min准备时间，包括收集素材和构思。

2）20min设计时间，简单画图，最好标上颜色进行区分。

3）5min演讲时间，要求演讲逻辑清晰，展示的设计图要清晰美观。

4）教师选出优秀组进行颁奖。

### ● 任务总结

1）＿＿＿＿＿＿＿＿＿＿＿＿＿＿＿＿＿＿＿＿＿＿＿＿＿＿＿＿＿＿＿＿

2）＿＿＿＿＿＿＿＿＿＿＿＿＿＿＿＿＿＿＿＿＿＿＿＿＿＿＿＿＿＿＿＿

3）＿＿＿＿＿＿＿＿＿＿＿＿＿＿＿＿＿＿＿＿＿＿＿＿＿＿＿＿＿＿＿＿

## ▶ 模块练习

1）用思维导图的形式概括出本模块学习的主要内容。

2）课后查阅资料，了解一下3D打印机的电气构造。

# 模块5

## 3D打印的广泛应用 ◀

　　3D打印在如今的现实生活中已经得到应用。例如，在医学上，3D打印可以用于替换人体各种部分。2014年初，欧洲的医生和工程师就曾利用3D打印制造一个新的人造下颚替换病人的受损下颚。数天后，病人就从手术中恢复过来。同时，德国的研究人员正在开发采用3D打印技术的生物相容性人造血管。目前，青岛一家公司发明了一款用于打印巧克力的3D打印机，客户可以根据自己的想法设计食品，随心所欲地享受各种甜点。更为神奇的是，苏州一家科技公司在2014年3月使用一台3D打印机在24h内打印了超过10栋楼房。有了这台机器，未来不搭脚手架，不需要工人，人们就能完成造房子的事情。神奇的3D打印在工业制造、医疗、建筑、消费、教育等领域产生了巨大的作用。

　　本模块的学习目标如下：

- 了解3D打印在不同领域的应用。
- 了解不同的3D打印机的具体应用。
- 了解3D打印技术目前的普及程度，探索未来可能的应用领域。

# 5.1　3D打印与工业制造

## 课前讨论

3D打印最初就是在工业制造中应用起来的，后来随着机器的轻便和价位的调整才有了桌面级的非工业制造的3D打印机问世。下面讨论以下问题：

● 你身边有哪些事物是工业制造产生的？

● 你认为3D打印机都可以代替机械来制造哪些东西？

● 3D打印机能取代所有机械吗？为什么？

## 知识储备

### 1．3D打印与工业4.0

有人认为3D打印将带来真正的制造业革命。在以前的工业革命（见图5-1）中，制造业主要通过批量化的流水线制造和自动化生产来降低生产成本，实现规模效益。3D打印将使得制造业产业组织形态和供应链模式重新构建，让制造商与消费者合为一体，由此带来制造业的颠覆式重构，带来无穷的创新空间。

工业4.0战略是建立在互联网和信息技术为基础的互动平台上，使更多资源要素和生产要素的整合变得更为方便快捷，并使3D打印技术、数字技术、物联网、大数据、云计算、智能材料等众多先进技术融合更加紧密，变得更加智能化、自动化、个性化。它实质上是第三次工业革命的拓展和延伸，是推动第四次工业革命的重要载体，但不是真正意义上的第四次工业革命。

## 从第一次工业革命到工业4.0

| 18世纪—第一次工业革命 | 19世纪—第二次工业革命 | 20世纪—第三次工业革命 | 现在—工业4.0 |
| --- | --- | --- | --- |
| 以水和蒸汽为动力 | 以电能为动力 | 使用电子和信息技术系统 | 使用信息物理系统 |
| 引进机械生产设施 | 实现劳动分工和大批量生产 | 实现自动化生产 | 实现智能生产 |
| 英国纺织机械化 | 德国福特汽车大规模流水生产 | 计算机互联网普及 | 3D打印 机器人 智能物联 |

图5-1 从第一次工业革命到工业4.0

在"互联网+"战略的推动下，3D打印可以与物联网技术、云计算、大数据、机器人实现融合，实现制造的一体化模具制造，传统领域的衔接物件不复存在，让高端制造更趋于完美，在高端制造、医疗器械等领域有广阔空间，未来将成为工业4.0领域高端制造的关键环节。

显然，与传统的制造相比，3D打印的制作工序、个性化需求及人力成本具有颠覆性变革意义。

从操作工序上来说，传统的制造工艺是对原材料进行剪裁、拼接后连接而成，而3D打印是通过软件设计，一层一层堆积材料把产品做出来。3D打印通过将材料层层电解沉积的方法直接制造复杂的塑料、金属和合金元件，而不是像以前那样对材料进行切割、锻打、弯曲，不再需要工序麻烦地制作很多不同的元件去组装它，可以不用传统的大规模机床来制造小型的部件。

从制造模式来说，过去是生产线规模化生产，今后则可能更多的是个性化的定制生产，产品上市时间缩短，同时不再需要库存大量零部件，也不需要大量生产。3D打印适应越来越苛刻的个性化消费需求。传统的大批量制造生产几乎能够提供任何人们最基本的吃、穿、住、行、玩等消费产品，但是这些产品都是标准化的，比较千篇一律，在个性化方面已经无法满足人们日益增长的需求。而手工生产的个性化东西虽然品质精良、内涵丰富，但是手工制造耗时巨大。而3D打印技术既可以满足人们对个性化产品的追求欲，还可以大大提高产品的生产效率。

从生产成本来说，3D打印无须机械加工或任何模具，就能直接从计算机图形数据中生成任何形状的零件，从而极大地缩短产品的研制周期，大幅减少材料浪费，提高生产效率和降低生产成本。它还可以制造出传统生产技术无法制造的外形。3D打印极大地解放了劳动力，一个技术工人可以看管数台打印机，就像纺织工人看管织布机一样，可以节省大量的劳动力，而劳动效率却有数倍甚至数十倍的提高。

正因为具备上述特点，3D打印被认为是先进制造技术和生产方式变革的产物。目前，智能软件、新材料、机器人、新制造方法（如3D打印）及基于网络的商业服务模式这五大要素正共同推动制造业向数字化方向发展，即将迎来第四次工业革命。

---

**扩展阅读** ● ● ●

### 3D打印的3.0时代

第一代3D打印机诞生于20世纪80年代中后期，主要是以能够打印模型为主，到了后期以开发模具为主，逐步演变为快速成型。第二代3D打印机是在最近几年由快速成型发展到能够打印出高精度的功能性产品，并在航空航天等领域得到了广泛应用。第三代3D打印机可能在未来10年诞生，是在智能制造的大背景下，将3D打印技术与物联网、大数据、云计算、机器人、智能材料等其他诸多先进技术结合，成为若干智能制造平台上的某个部分。

从整体来看，3D打印技术2.0时代远比1.0时代成熟得多，无论是技术层面，还是材料、成本、可操作性、应用面等各个方面都有大幅改善。智能制造已经成为未来制造业发展的必然趋势，传统技术和传统产业与互联网、物联网、地理信息网的融合更加紧密。在智能制造时代，个性化定制服务将成为一种常态，各种生产要素与资源要素的整合将上升到一个新的高度。3D打印3.0时代将在未来智能制造过程中发挥重要的引领和支撑作用。

技术进步和创新将是一个长期的业态，3D打印3.0时代不是终点，只是近期的目标和方向。很多专家认为，3D打印技术是最能够创造奇迹和神话的技术之一，3D打印技术是最有发展前景的技术之一。今天的3D打印技术还是一个非常基础性的技术，尽管已经进入到3D打印的2.0时代，能够打印出人们需要的功能性产品。3D打印技术未来还有很长的路要走，发展空间巨大。

---

2．3D打印在工业制造领域的应用

（1）3D打印在交通工具制造业的应用

目前，3D打印在交通工具制造业的应用主要体现在汽车行业在进行安全性测试等工作时，会将一些非关键部件用3D打印的产品替代，在追求效率的同时降低成本。

2014年9月，美国Local Motors公司、辛辛那提股份有限公司及橡树岭国家实验室耗时6天打印并组装完成了世界上第一辆两门电动汽车（见图5-2）。这台电动汽车取名为STRATI。STRATI有着小巧的黑色身躯和扎眼的红色椅背，除了电动机、电池、电线、座椅、风窗玻璃、车轮等来自不同的供应商外，其他不能移动、不用清洁和不导电的零部件全部使用3D打印技术制造。其使用的直接数字化制造（DDM）方式——整车一体打印，也是首次被用于汽车制造业。

图5-2　STRATI在接受媒体试驾

一般来说，一辆汽车大概由2万个零部件组成，但这辆通过3D打印技术生产出来的汽车仅由不到50个零部件组成。新工艺减少了加工和安装的工作量，缩短了工时，同时也避免了材料的浪费。打印这台汽车所用的主要材料是碳纤维。由于碳纤维重量轻、强度高，这部汽车的总重量仅为800多千克，时速可达64km/h，车载电池容量可行驶190～240km。

成本方面，STRATI的造价大概在1.8万～3万美元之间，约合11万～18.5万元人民币。但目前，3D打印的汽车在美国还无法合法上路，发明者们表示会争取在未来一年内让这种新型汽车通过政府部门的审查，开始批量生产。

（2）Nike使用3D打印制造鞋底

Nike公司对外展示了首款采用了3D打印技术的运动鞋鞋底—Nike Vapor Laser Talon（见图5-3）。据悉，这款鞋底主要是针对美式橄榄球运动员设计的，其重量只有28.3g，在草坪场地上的抓地力表现非常优秀。另外，它还能加长运动员最原始驱动状态的持续时间。

图5-3　Nike首款3D打印鞋底Nike Vapor Laser Talon

（3）3D打印在航空制造业中的应用

目前，3D打印技术在全球也是前沿技术和前沿应用，最尖端的航空工业对这种技术最为关注也最严谨。3D打印技术正在被大规模用于中国正在研发中的首款航母舰载机歼-15、多用途战机歼-16、第五代重型战斗机歼-20、第五代中型战斗机歼-31，以及商飞的民用大飞机C919上。据了解，钛合金和M100钢的3D打印技术已被广泛用于歼-15（见图5-4）的主承力部分，包括整个前起落架。其实，目前我国已具备了使用激光成型超过12m²的复杂钛合金构件的技术和能力。西北工业大学也研制出了3D打印机翼（见图5-5）。

3D打印技术的应用，大大加速了国产尖端战机的研发进度。依托激光钛合金成型造价低、速度快的特点，沈阳飞机工业集团在一年之内连续组装出歼-15、歼-16、歼-31等多型战斗机，并进行试飞。

图5-4　我国歼15采用3D打印的零部件

图5-5　西北工业大学研制出的3D打印机翼

直接成型的金属零件在生产过程中因为局部反复接近熔点温度受热，所以内部热应力状态复杂，在成型某些大型细长体、薄壁体金属构件时，应力处理和控制还不能满足要求，实际上到目前为止一直影响3D打印在航空业的应用也正是这个原因。

（4）3D打印遇上太阳能并进入太空

如今，人类面临着一个巨大的能量缺口，众所周知，由于光伏产业制造效率低下，太阳能行业的士气已遭到损坏。因此，如何利用太阳能进行创新性开发是未来可持续发展关注的焦点。

3D太阳能电池的开发（见图5-6）可谓是3D打印对3D太阳能电池产业的一种革命性力量。高精度的3D打印能降低约50%的生产成本，还可消除许多低效工艺，减少昂贵材料的浪费，是全新的高效低成本技术。试想一下，将一台太阳能3D打印机放到太空中，就可以打印出想要的东西。

由于3D打印技术能够打破很多原先限制太阳能发展的局限，因此3D打印和太阳能的结合存在着相当大的潜力。

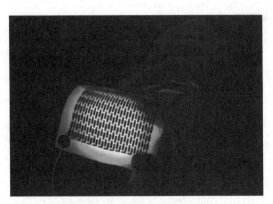
图5-6　3D打印的太阳能电池板

（5）3D打印进入大规模生产社会化

3D打印已经进入制造业有段时间了，但现阶段，很多工厂里面的零部件制造还在使用传统的制造方式。虽然已有小规模的使用3D打印机帮助工厂提高效率，但大规模使用3D打印机进行工厂部件制造才是当务之急（见图5-7）。

图5-7　3D打印大规模生产

随着性能的不断提高，3D打印机将被整合进生产线和供应链的机会更多，经验也会变得更加丰富，在不久的将来，我们有望看到集成了3D打印零部件的混合制造工艺。

如今，3D打印机已经能够将一些特殊零部件采用更经济的方式生产出来，但相对比较少。今后，或许会有很多制造商开始尝试利用3D打印技术来进行原型制造以外的应用。

### 扩展阅读 ● ● ● ●

## 3D打印技术与模具制造

如今，3D打印和各种打印材料（塑料、橡胶、复合材料、金属、蜡和砂）已经给许多行业（如汽车，航空航天，以及医疗保健等）带来了很大的便利，很多企业都在其供应链里集成了3D打印，这其中也包括模具制造。

用3D打印制造模具有以下优点：

1）模具生产周期缩短。

3D打印模具缩短了整个产品开发周期，并成为驱动创新的源头。在以往，由于考虑到还需要投入大量资金制造新的模具，公司有时会选择推迟或放弃产品的设计更新。通过降低模具的生产准备时间，以及使现有的设计工具能够快速更新，3D打印使企业能够承受得起模具更加频繁的更换和改善。它能够使模具设计周期跟得上产品设计周期的步伐。

此外，有的公司自己采购了3D打印设备以制造模具，这样就进一步加快了产品开发的速度，提高了灵活性/适应性。在战略上，它提升了供应链预防延长期限和开发停滞风险的能力，如从供应商那里获得不合适的模具。

2）制造成本降低。

如果当下金属3D打印的成本要高于传统的金属制造工艺的成本，那么成本的削减在塑料制品领域更容易实现。

金属3D打印的模具在一些小的、不连续的系列终端产品生产上具有经济优势（因为这些产品的固定费用很难摊销），或者针对某些特定的几何形状（专门为3D打印优化的）更有经济优势。尤其是当使用的材料非常昂贵，而传统的模具制造导致材料报废率很高的情况下，3D打印具有成本优势。

此外，3D打印在几个小时内制造出精确模具的能力也会对制造流程和利润产生积极的影响。尤其是当生产停机或模具库存十分昂贵时。

有时经常会出现生产开始后还要修改模具的情况。3D打印的灵活性使工程师能够同时尝试无数次的迭代，并可以减少因模具设计修改引起的前期成本。

3）模具设计的改进为终端产品增加了更多的功能性。

通常，金属3D打印的特殊冶金方式能够改善金属微观结构并能产生完全致密的打印部件，与那些锻造或铸造的材料（取决于热处理和测试方向）相比，其机械和物理性能一样或更好。当目标部件由几个子部件组成时，3D打印具有整合设计，并减少零部件数量的能力。这样就简化了产品组装过程，并减少了公差。

此外，它能够整合复杂的产品功能，使高功能性的终端产品制造速度更快、产品的缺陷更少。例如，注塑件的总体质量要受到注入材料和流经工装夹具的冷却流体之间热传递状况的影响。如果用传统技术来制造，引导冷却材料的通道通常是直的，则会在模制部件中产生较慢的和不均匀的冷却效果。

而3D打印可以实现任意形状的冷却通道，以确保实现随形的冷却，最终导致更高质量的零件和较低的废品率。此外，更快的除热显著减少了注塑的周期，因为一般来说冷却时间最高可占整个注塑周期的70%。

4）优化工具更符合人体工学和提升最低性能。

3D打印降低了验证新工具（它能够解决在制造过程中未能满足的需求）的门槛，从而能够在制造中投入更多移动夹具和固定夹具。由于重新设计和制造它们需要花费相当多的费用和精力，所以工具的设计和相应的装置总是尽可能地使用更长的时间。随着3D打印技术的应用，企业可以随时对任何工具进行翻新，而不仅限于那些已经报废和不符合要求的工具。

由于需要很小的时间和初始成本，因此3D打印使得对工具进行优化以获得更好的边际性能变得更加经济。于是技术人员可以在设计时更多地考虑人体工学，以提高其操作舒适性、减少处理时间，以及更加易用、易于存储。此外，优化工具设计也可以减少零件的废品率。

5）定制模具帮助实现最终产品的定制化。

以更短的生产周期制造更为复杂的几何形状，以及降低最终制造成本的能力，使得企业能够制造大量的个性化工具来支持定制部件的制造。3D打印模具非常利于定制化生产，如医疗设备和医疗行业。它能够为外科医生提供3D打印的个性化器械，如外科手术导板和工具，能够改善手术效果，减少手术时间。

4人一组分组进行讨论，时间为5min，组内代表进行总结发言。

在了解了3D打印在工业制造领域的一些应用之后，讨论一下3D打印在制造业中的应用为什么还没有得到大规模普及？

_____

_____

试着在网上搜索更多的关于3D打印在工业制造领域的应用案例并向全班汇报。

_____

_____

# 5.2　3D打印与医疗应用

3D打印在医疗上的应用应该说是一次巨大的生物和医学革命。下面讨论以下问题：

● 在医疗领域中，哪些地方可以使用3D打印？

● 生物3D打印机会为医疗领域带来什么变化？

● 3D打印在医疗中的应用会带来什么问题？

## 1. 3D打印技术与医疗

3D打印技术自诞生之日起，就被医学界、特别是硬组织外科领域广泛采用，至今已有20

多年历史，其临床应用具有非常广泛的产业化市场。

目前，3D打印在医疗生物行业的应用主要包括以下4个方面。

1）3D模型打印：用于教学和病例讨论、模拟手术、整形手术效果比较等。

2）体外医疗器械制造——无须生物相容的材料。体外医疗器械包括医疗模型、医疗器械（如假肢、助听器、齿科手术模板）等。医学道具、模型、用品等材料可通过3D打印获得。利用3D打印技术，可将计算机影像数据信息形成实体结构，用于医学教学和手术模拟。传统医学教学模型制作方法时间长，且搬运过程容易损坏，使用3D打印技术可有效减少制作时间，根据需要随时制作，并降低搬运损坏的风险。根据美国组织AmputeeCoalition的统计，目前美国正有约200万人使用3D打印义肢。

3）个性化永久植入物——牙种植、骨骼移植等。对人体身体部位的复制是高度定制化的产品，通过3D打印，这些部件可以与身体完全契合，与身体融为一体。以骨骼为例，若人体的某块骨骼需要置换，则可扫描对称的骨骼，再打印出相应的骨骼，最后通过手术植入人体内。人体组织器官代替物的材料要求很高，实现难度大。但目前已有一些成功案例，如复制人体骨骼，制作义肢等。与传统方法相比，该技术不需要先制作模具，可直接打印，建造速度较快。这项技术可应用于牙种植、骨骼移植等。在制造过程中，研究人员扫描患者骨骼需求位置情况，并设计出骨骼部件的模型，在机器的作用下，材料就以层叠方式累积起来，经过固定成型，制成一个人造骨骼实物。脸部修饰与美容也可用到这一技术。

4）细胞打印。

细胞打印属较前沿的研究领域，是一种基于微滴沉积的技术——一层热敏胶材料一层细胞逐层打印，热敏胶材料温度经过调控后会降解，形成含有细胞的三维结构体。细胞打印的作用如下：

① 为再生医学、组织工程、干细胞和癌症等生命科学和基础医学研究领域提供新的研究工具。

② 为构建和修复组织器官提供新的临床医学技术，推动外科修复整形、再生医学和移植医学的发展。

③ 应用于药物筛选技术和药物控释技术，在药物开发领域具有广泛前景。

有关数据显示，全世界每天至少有18人因为找不到合适的器官移植而死亡。这种局面或许可以通过3D打印得到合适的器官而得以改变。随着技术的日益成熟，3D打印将掀起医学界的产业革命。

2．3D打印在医疗领域的应用

（1）3D打印用于医疗移植的人造器官

2013年，美国Organovo公司已经用3D打印技术培养出人体肝脏组织（见图5-8），用于毒理预测学和疾病建模，并计划在2013年年底正式商用。

来自宾夕法尼亚大学的研究人员已经发现糖类的3D打印模板以及上面生长的肉类，这项技术可以生产出带脉管组织的人造器官。其工作原理是将肉由内向外"打印"出来，这样便预先"打印"出脉管系统，从而使得肉可以围绕着这些脉管系统生长。

3D打印机生产人造血管。现在人造器官的研究已经相当可观了，但是出现了一个难题：如何在里面架构血管以输送营养物质并排泄代谢废物。目前，德国的一个团队找到了一种解决方案：用3D打印机打印一些毛细血管（见图5-9）。

图5-8　3D打印的心脏　　　　图5-9　研究人员用细胞介质冲洗人造血管

打印使用的特殊油墨含有高分子聚合物以及生物分子，这样可以减弱排异反应。而通过一系列的化学反应，将打印出来的血管转变成具有弹性的固体材料，这样研究人员就能精确构造毛细血管。尽管这样已经非常精密了，但是研究人员仍需要预备额外的一层物质来架构精细的羽状血管。制成的毛细血管将成为细胞的依凭，形成最里层的内壁。将人类血管细胞注入到该脉管网络中，它会自发地产生新的愈伤组织，这与机体内血管生长方式几乎无异。

（2）3D打印产品做人体骨骼

最近，一位83岁的老人由于患有慢性的骨头感染，因此换上了由3D打印机"打印"出来的下颚骨，这是世界上首位使用3D打印产品做人体骨骼的案例（见图5-10）。

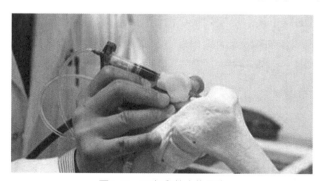

图5-10　3D打印的人体骨骼

3D打印版的关节和骨头现在正在帮助大约3万名病人正常行走，而1000万人正使用3D打印机打印适合自己的助听器。

（3）3D打印矫正牙齿

去看牙医或牙齿矫正医师时，大部分人都必须忍受钻牙、拔牙、长期戴牙箍的折磨。而一些具有前瞻性思维的公司正在研究如何让牙医业走出石器时代。

目前已有公司基于已扫描的牙齿数据，使用3D打印机打印牙齿矫正工具（见图5-11）。和传统的戴金属牙箍不同，这种方式是打印出一系列稍微不同的透明牙箍，而且解决了以往微笑时露出金属牙箍的问题。

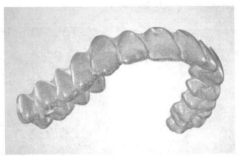

图5-11　3D打印出的牙齿

（4）3D打印生物组织的材料

2013年，康奈尔大学使用3D打印机打印出了世界上第一个耳朵（见图5-12）。每年有数以万计的人因为先天发育或者疾病，或者事故失去整个或者部分耳朵。传统的耳朵再植是利用肋软骨作为耳朵软骨的替代。这样做出来的耳朵外观既不美，功能也不是很好。他们利用计算机扫描出患者的正常耳朵，然后使用3D打印机打印出对称的耳朵模型，在此模型里注入胶原蛋白，作为软骨生长的支架。这样做出来的耳朵形状合适、外观美观。

图5-12　3D打印的耳朵

基于3D打印技术的数字化手术模板被广泛运用到手术精准化中等医疗技术上，极大地推动了医疗事业的发展。3D打印技术的应用具有非常广泛的产业化市场，为医学的发展开辟了广阔的前景。

**精彩案例** ★ ★ ★

### 3D打印的神奇医学案例

2011年，荷兰一位83岁的女性因为感染失去了下颌骨。而传统整形手术因为年事太高不能进行。医生们与3D打印公司Layer Wise合作，用钛粉作为打印材料，根据3D扫描的图像，打印出一个完美的下颌骨，表面覆盖生物陶瓷以避免排斥。移植回老人的下巴后，完美愈合。

4年前，英国人Eric Moger发现左脸部长出恶性肿瘤。为了保住生命，医生切除了左脸大部分，包括眼睛、颧骨、下颌骨，留下一个巨大的洞。他无法正常说话和进食，更不敢出门，因为看起来太恐怖了。之后的整形手术也因为放化疗的影响宣告失败。痛苦了4年的Eric，终于在3D打印的帮助下获得了新生。伦敦的牙科医生Andrew Dawood用3D打印机按照右脸给他打印了个完美的左脸。先用钛粉打印出缺失的骨骼，然后在此基础上用生物尼龙打印出脸部组织。当打印出来的左脸完美吻合并固定后，Eric终于可以用嘴巴喝水了。他说："当我装上这个左脸后，喝下第一口水，没有水漏出来。这太神奇了。"

2013年，英国的一位60岁男性不幸患了骨盆软骨肉瘤。这种恶性肿瘤对化疗放疗都不敏感，效果很差。唯一的选择就是切除大半个骨盆。因为需要切除的部分太多，以至于传统手工做出来的植入骨盆没法与残存骨盆连接。而没有骨盆，就意味着支撑下肢的股骨无处着力，这个病人面临着残废的危险。Newcastle Upon Tyne医院的医生们想到了3D打印技术。于是他们在术前用CT扫描出完整的3D结构的骨盆模型，精确设计需要切除的部位，然后将这个切除的部分的详细3D图像上传给计算机。计算机根据这个3D图像，驱动3D打印机，使用钛粉作为打印油墨，精确地打印了切除的半个骨盆。医生再在这个钛骨盆表面镀上特殊的物质，以便残留骨盆可以连接生长。移植手术非常成功。现在这个病人已经可以拄着拐杖走路了。

2012年，比利时一位男子在车祸中几乎失去整个面部骨骼。如果采用传统办法，几乎没有还原的可能，因为面部骨骼太复杂，要做出与对侧一致的面部是不可能的。Morriston医院组织了一个65人的团队，与3D打印公司Cartis合作。他们利用CT扫描出对侧存留面部骨骼，计算机绘制出患侧需要移植的骨骼形状。再利用钛粉作为打印材料打印出需要填补的骨骼。移植手术非常成功，病人破碎的脸终于得以还原。术后7天，这个病人就开始开口讲话了。这个完美的3D打印用于临床因为太过超现代，手术还没做之前，伦敦的科学博物馆就已经将它收入馆藏记录了。

更加神奇的事情发生在美国。2013年，美国康涅狄格州一名男子因为交通事故失去75%的头盖骨。传统骨科苦无良策。幸运的是，此时的3D打印已经渐渐成熟。当地一家3D打印公司伸出了援手。他们利用原来的颅骨影像，使用3D打印技术，使用更加先进的生物高分子聚合体材料打印出需要补缺的头骨，形状边缘均完美吻合，甚至连颅骨孔都设计得十分完美。2013年2月通过FDA审批，于同年3月手术成功移植。患者获得了一个新的头颅。这在过去是无法想象的。

## 3. 审批和伦理问题

3D打印技术之所以在医疗领域得以广泛应用，主要是因为其可以满足个体化、精准化医疗。也正是基于对未来市场的布局，目前已经有跨国医疗公司通过在华子公司计划将3D打印的高端骨骼假体产品首次引入中国市场。

不过，我们也必须看到可能出现的问题。有分析认为，3D打印技术在带来医学新革命的同时，也将带来伦理、审批、监管方面的问题。依照现在的发展速度，未来从仿真医疗模型、生物医疗器械，到更具个性化的移植组织或器官都有可能使用3D打印来实现。不过，以3D打印为代表的生物打印技术就像20世纪末的克隆技术一样，带来的将是生物伦理挑战。

也正是基于此，不论是欧美还是我国的监管机构对此类医疗器械的审批普遍采取了谨慎的态度。依照我国法规的规定，植入人体的器官或组织都属于三类医疗器械，而三类医疗器械的审批是所有医疗器械中最难的。目前我国尚未批准过此类医疗器械上市。

---

**扩展阅读** ● ● ● ●

### 3D打印改变人们的生活

3D打印不光能打印器官，有朝一日也可以提高或者加强人类的能力，就像电影《机械战警》一样。普林斯顿大学的研究人员正在朝这个方向努力。他们将电子元件结合到细胞打印中去。2014年年初，他们成功地使用水凝胶和小牛的细胞打印出一个人类的耳朵，在这个耳朵中加入了由银纳米颗粒做成的电子天线。这个传感器可以接收人类耳朵听不见的频率。也许有一天，我们就可以装上这个耳朵，成为传说中的"顺风耳"。

还有一些更加接近于临床实用的3D打印技术。例如，传统的骨科石膏绷带笨重，不透气，也不能洗澡，痒了更是没办法。新西兰的Jake Evill发明了一种叫作cortex cast（皮质支架）的新型"石膏绷带"。这是通过扫描病人需要固定肢体部位，用3D打印机打印出可以完美吻合的支架。这个支架很轻便，也非常结实，关键是透气，洗澡也没问题，痒了更是可以挠。过不了几年，可能骨科就不再使用传统石膏，而是给患者打印一个独一无二的轻便支架。2013年，北京大学第三医院的骨科医生使用3D打印机以钛粉作为材料打印出了个性化的椎骨，已经在近50名患者体内植入成功。

这些我们实际经历的医学生物学的进步，有朝一日将会彻底改变人类的生活。到那时，也许换个器官就如同换个汽车零件一样容易。

---

## 课堂讨论

4人一组分组进行讨论，时间为5min，组内代表进行总结发言。

在了解了3D打印在医疗领域的应用之后，讨论一下3D打印技术在医疗领域的应用中存在哪些隐患？

_____

_____

试着在网上搜索一些3D打印技术在医疗领域的应用案例，并向全班做展示。

_____

_____

# 5.3　3D打印与建筑应用

## 课前讨论

根据前面的学习内容以及对3D打印技术的了解，讨论以下问题：

● 3D打印机如何应用于建筑领域？

● 3D打印机打印出来的房子有什么特点？

● 3D打印机在建筑领域的应用会给谁带来影响？

## 知识储备

1. 3D打印技术在建筑领域的主要应用方式

（1）打印建筑模型

在房屋建设中，为了更好地表达设计意图和展示建筑结构，设计图纸与建筑模型是必不可少的。以往手工制作的模型大多精度不够，而3D打印技术则弥补了其不足，3D打印出的建筑模型更加立体、更加直接，能更好地表达设计者的思想。

如果不是建筑学专业的人，恐怕没有几个人能够在看建筑图纸时就在头脑中构想出建筑物的3D形状。而手工制作建筑模型则往往成本很高，因为欧美国家人工很贵，通过3D打印技术，则可以很容易、很快地在短时间内打印出一个建筑模型，即便客户有修改意见，同样可以短时间内就完成一个新的模型，提高设计阶段的效率。

（2）直接打印真实的建筑

所谓3D打印建筑就是通过3D打印技术建造起来的建筑物。这种能打印建筑的3D打印机由一个巨型的三维挤出机械构成，挤压头上使用齿轮传送装置来为房屋创建基础和墙壁，可以直接制造出建筑物。

3D打印主要从建筑蓝图可视化和设计模型精细化这两个方面重塑建筑行业。与常规的一砖一瓦的建筑方式相比，3D打印建筑有以下四大优势：

1）抗震性能大大增强。一般来说，在发生地震时，最先受损的一定是结构强度最弱的，一个常规的建筑是由砖、混凝土、钢筋及其他不同成分的材质组合在一起的，也就是说一个房屋是成千上万个不同的零件拼接而成的。任何一个零件的薄弱都可能会导致整体性能的降低。如果采用3D打印技术，就可以把一座房子打印成一个零件，这一个零件的抗震性能比成千上万个零件的抗震性强很多倍。

2）节省建筑材料。虽然传统建筑的材料与结构是经过计算的，但许多建筑的结构并非是最优化的，这就势必会浪费建筑材料。而利用3D打印的方式，可以把建筑的墙壁及内部结构采用最优化的方式做成中空的和任意结构的模式，大大节省建筑材料。

3）设计可以突破常规。3D打印的一大特点就是造型没有限制，只要设计师想到的，3D打印机就能通过建模打印出来，因此可以更好地体现设计师的创意。

4）建筑成本更低。除节省建筑材料外，3D打印建筑还能节省大量的人力、设备和费用。所以，总体上的成本略有降低。它可以24h工作，工期会有一定的缩短。

---

**扩展阅读** ● ● ●

### 建筑工人下岗倒计时？

房地产行业作为传统行业，除了土地成本之外，一个重要的成本就是建筑成本，包括建筑材料、人工成本等。3D打印技术的出炉，有可能改变这一切。

机器和人不一样，机械化的运作如果可以替代烦琐的人工作业，将会最大限度地降低房企的成本。盈创董事长马义和曾表示，采用3D打印技术，可节约建筑材料30%～60%、工期缩短50%～70%、节约人工50%～80%。粗算一下，整体建筑成本至少节省50%以上。

3D打印机还能被运用于异形建筑的打造。传统的建造方法是用砖头一层层堆砌，房屋整体的形状变化非常有限，3D打印则大不一样，建筑形态可以随心所欲。只要事先设计好造型和花纹，"打印"出墙体之后进行拼装即可。

其实，我国很多建筑已经用到了3D打印技术，如上海大剧院、凤凰卫视大楼、水立方、青奥会议中心等。

一台高6.6m、宽10m、长32m，底面占地面积相当于一个篮球场的打印机，可以取代至少一半的工人，房地产开发商既可以节约人工成本，又能打造成风格各异的建筑，简直是两全其美。以后一栋楼的建造或许只需要一两个人，一台连续作业的3D打印机就能完成。

机械是对人力的解放，可大大降低建筑业日益高涨的劳动力成本。只是，这项技术对于广大建筑工人们而言可能有点不幸，机器取代了人工，他们的饭碗也就岌岌可危了。如果这项技术被广泛运用，那么大批建筑工人下岗就要开始倒计时了。

2．3D打印技术在建筑行业的应用案例

下面介绍几个3D打印在建筑方面的案例。

（1）塑造梦中之屋

有了3D打印机，潜在房主在第一次付款前就可以看到打印出来的色彩饱满、迷你版的新家。

在建筑业里，工程师和设计师们已经接受了用3D打印机打印的建筑模型，（见图5-13）这种方法速度快、成本低、环保，同时制作精美。完全合乎设计者的要求，同时又能节省大量材料。

纽约一家公司的设计师在设计建筑物的过程中，利用以色列的3D打印机进行建筑构想的测试与展现（见图5-14）。

图5-13　3D打印城市规划

图5-14　3D打印的建筑模型

3D打印模型不仅是设计过程和项目施工过程中所用的工具，也可作为最终的展示。将制作的3D建筑模型展示出来，不仅可以让业主身临其境，获得他们对公司的信任，而且可以体现设计者的设计风格与能力，为自己带来新的潜在客户与收益机会。

（2）建造现实住宅

荷兰阿姆斯特丹的建筑师们已经开始通过3D打印技术制造出了世界上首个全尺寸3D打印

房屋了。建筑师们专门通过一台大约3.5m高的超大号3D打印机来生产塑料材质建筑部件，最后搭建成一栋由13间房间组成的荷兰风情运河小屋。

2014年3月，苏州一家科技公司在24h内打印了超过10栋楼房。2015年年初，这家公司进一步展示了他们的3D打印楼房技术：一套3D打印的别墅（见图5-15）和一幢5层高的楼房（见图5-16）。

图5-15　3D打印的别墅　　　　　　　　　　　图5-16　3D打印的楼房

3D打印建筑机器用的"油墨"原料主要是建筑垃圾、工业垃圾和矿山尾矿，其他的材料主要是水泥和钢筋，还有特殊的助剂。这种机器被人们称为"吃进去城市建筑垃圾或沙漠，吐出来美丽的房子"。

打印过程是打印机根据计算机设计图纸和方案，层层叠加"油墨"喷绘相关结构件。之后再将相关构件运送到现场，进行吊装。据报道，打印这些建筑的打印机高6.6m、宽10m、长32m，占地面积相当于一个篮球场。

该公司还表示希望能进一步提升技术，在不久的将来能打印出桥梁甚至摩天大楼。

由此可见，3D打印技术在建筑设计领域通过将建筑蓝图可视化和设计模型精细化来重塑建筑业。3D打印模型不仅是设计过程和项目施工过程中所用的工具，也可作为最终的展示。用3D技术直接打印出建筑物与常规建筑方式相比有巨大的优越性，其前景非常广阔。

　● ● ●

**未来城市建筑长什么样？**

据国外媒体报道，专家根据顶级工程师和建筑师的预测设计出这些令人吃惊的未来风景，其中既有漂浮城市、水下城市，也有3D打印的住宅和在摩天大楼顶上吃草的动物。

专家还认为，人们会生活在超深的地下室和建筑内（见图5-17）。这些地方都有复杂的微气候。关于日常通勤方面，专家预测会有大桥横跨整座城市。另外，他们预测的宇航中心可直接通往月球和火星。

图5-17　超深的地下室住宅

这些专家包括英国皇家工程院工程与教育部门负责人里斯·摩根博士、众多一流建筑师和英国威斯敏斯特大学的资深讲师等。多层地下室的扩展已经成为现实，尤其在高价值和人口密集的伦敦地区。专家说，未来住宅可能有许多层位于地下。

利用太阳能和潮汐能的漂浮型海洋城市被选为下一个最有可能发展的城市选择，接着是城市高层农场（见图5-18）。在这种节省空间的高层建筑上，除了可以种植农作物，还可圈养动物。拥有微气候的3D印刷住宅和建筑意味着人们可以生活在以前不适宜居住的区域。

图5-18　城市高层农场

建筑插图画家设想出了专家的三大预言。其中许多预言受到环境因素的影响。全球变暖和海平面上升促使专家重点考虑以水为基础的建筑。

在一个着眼于2000名英国人的补充调查中，1/3的人认为漂浮城市（见图5-19）会成为将来的一个可行选择。10%的人更喜欢发展水下城市。1/5的人认为，主要河流上漂浮的生活舱或许是解决市中心人群拥挤问题的理想选择。

图5-19　漂浮城市

人口增长是专家小组重视的另一个因素。这项研究表明，空间限制会使高层农场等建筑结构（15%的人偏爱）和空中城市（13%的人偏爱）得到进一步发展。专家小组还注意到，技术与科学的进步将给人们的生活方式带来革命性发展。

3D打印技术有望促使这一目标的实现。人们不仅有巨大空间可以购物和生活，还可以旅行。12%的英国人认为，将来的宇航中心可让他们轻松前往月球和火星。

技术进步的突飞猛进，再加上人口增长和全球变暖，这些因素会给人们的生活方式产生巨大影响。地下城市、超高建筑和漂浮住宅很可能成为未来城市景观的特色。接下来的50年内，任何事都有可能发生。

# 课堂讨论

4人一组分组进行讨论，时间为5min，组内代表进行总结发言。

了解了3D打印在建筑领域的应用之后，同学们对3D打印是不是有了更多的认识呢？讨论一下如果3D打印在建筑领域得到大规模普及会给社会带来哪些影响？

_____

_____

试着在网上搜索一些3D打印在建筑领域的案例并向全班展示。

_____

_____

# 5.4　3D打印与大众消费

## 课前讨论

根据前面的学习内容，讨论以下问题：

● 哪些日常的消费品可以使用3D打印机打印？

● 3D打印在大众消费领域有哪些应用？

● 如果给你一台3D打印机，你最想要一台什么3D打印机来改善你的日常生活？

## 知识储备

随着3D打印技术的飞速发展，3D打印已不再是一种想象和奢侈，而是渐渐走入寻常百姓家，在人们的日常生活的衣、食、住、用、行等方面开始发挥巨大的作用。

1. 食品领域

（1）打印点心的食品3D打印机

人们可以借助食品3D打印机打印出各种食品。目前，食品3D打印机的价格为1000欧元左右，随着技术的逐渐成熟，价格也有望大幅降低。

食品3D打印机由控制计算机、自动化食材注射器、输送装置等构成，利用巧克力或其他食材为原料进行打印。计算机中存储了上百种立体形状，可以从中选择自己喜欢的造型，然后单击"打印"按钮。待注射器喷头将食材均匀喷出来后，就能够"打印"立体的小点心了。

食品3D打印机（见图5-20）会为人们的生活带来哪些变革呢？首先制作食物将变得简

单，不必再守在厨房，能够快速、便捷地打印出想要的食品。不可思议的是，该打印机能够帮助人们从食品中提取蛋白质，"打印"成高蛋白食品，更加环保。

图5-20　3D打印的巧克力

康奈尔大学的研究人员也已经成功打印出了蛋糕；位于洛杉矶的建筑设计团队研究出了用普通食糖进行3D打印，他们利用3D打印技术将深度个性化定制融入于蛋糕的设计中，将蛋糕的外观变得多样化（见图5-21）。

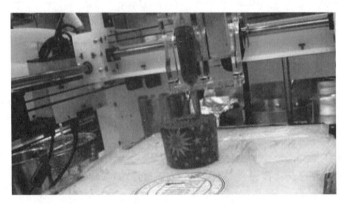

图5-21　3D打印的蛋糕

（2）打印肉类的3D打印机

科学家使用创新3D打印机技术在实验室培育出人造肉，鲜肉组织可在糖类物质构成的框架上生长，口感与真肉十分相近。

宾夕法尼亚大学的研究人员已经发现了糖类的3D打印模板以及上面生长的肉类，这项技术可以生产出带脉管组织的人造器官。血管依附于糖"框架"生长，肉就围绕着这些血管从内向外生长。这种技术能够培育出具有真实肉纹理及口感特点的人造肉，由于3D打印技术取得了阶段性的突破，在实验室生产出与真肉风味无异的人造肉的这种想法即将变成现实。

## 2．服装领域

时尚界已经较早使用3D打印了。荷兰设计师爱丽丝·赫本使用3D打印机来为比约克和Lady GaGa进行时尚设计（见图5-22）。3D打印机制作的华丽高跟鞋，能让凯莉·布拉德心动不已。ContinuumFashion使用的第一款3D打印版比基尼和眼镜成为了2012年时装周上的热点。

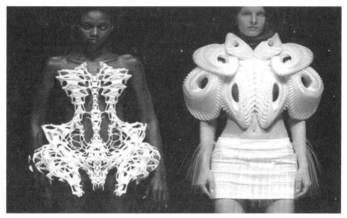

图5-22　3D打印的服装

（1）3D打印裙子

2013年9月，Lady GaGa凭借一款会吐泡泡的衣服，在英国iTunes音乐节上吸引了全球目光。2013年11月，Lady GaGa在纽约布鲁克林新专辑发布会上那款会飞的裙子（见图5-23）也吸引了众多的关注。无论是会吐泡泡的衣服，还是这款会飞的裙子，都运用了3D打印技术制成。3D打印的裙子样式多，且时尚感十足，常常是一些有创意的服装设计师们青睐的对象（见图5-24）。

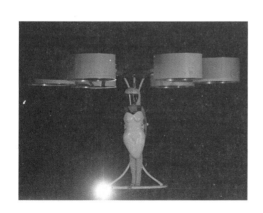

图5-23　Lady GaGa所穿的会飞的裙子

图5-24　3D打印时装秀上展示的裙子

（2）3D打印自己设计的个性时尚眼镜

每个人的脸型都不一样（除了双胞胎），找到一副完全适合自己的眼镜几乎不可能，多数情况下都得人们去适应眼镜，而不是眼镜适应人们。现在，一家公司正打算推出为个人定制的3D打印眼镜，让每个人都能拥有属于自己的完美眼镜（见图5-25）。

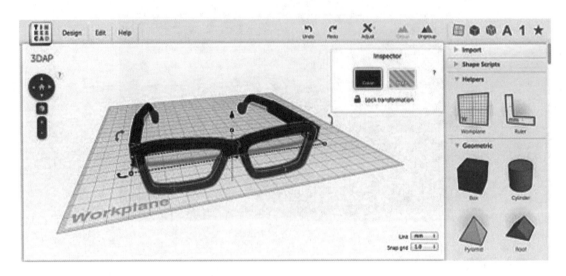

图5-25　3D打印自己设计的个性时尚眼镜

（3）3D打印镂空高跟鞋

下面这款高跟鞋（见图5-26）由一个美国时尚工作室设计，是一款网格状充满未来感的鞋子。整个鞋面和鞋跟都用尼龙材料打印生成，内衬一双鞋垫就可以使用了。

图5-26　3D打印的"鸟巢"鞋

这些线条看起来很脆弱的样子，其实十分强韧；而且每个网格都呈三角形，稍有点数学概念的人应该听过"三角形具有稳定性"这句话。这么多稳定的三角形连接在一起，相信承受一个成年人的体重完全没有问题。

3．珠宝首饰领域

（1）3D打印个性首饰

3D打印技术已经日益成熟，从中最大获益的无疑是珠宝设计，各种以往很难加工的形态，定制化的标准，快捷准确的表现设计意图，这些3D打印能完全满足需求，而且随着技术的发展，金属乃至贵金属材料也必将可被打印（见图5-27）。3D打印机在不久以后一定会成为一股推动珠宝行业发展的新动力。

图5-27 3D打印的个性首饰

（2）3D打印时尚珠宝店

意大利设计师奥兰多和他妻子共同开设了一个3D打印时尚珠宝店，这些产品设计简单，有着时尚的色彩和优雅流畅的线条，重要的是价格合理，非常受欢迎。

大家都知道，传统行业或商品店都会因为成本过高或创新上的不足而面临危机，但3D打印技术无疑会催生出创造性的新商业模式。

4．其他生活领域

（1）定制自己的3D打印成品

想象一下，如果你一打开门，就收到了自己在网上定制的产品，这种情景是不是很让人兴奋！这将不再是想象，3D打印就可以做到。用户在今后购买产品的过程中，可以根据自己确切的具体信息进行定制，这种产品将通过3D打印制造如图5-28～图5-30所示，并直接送到家门口，非常方便。

图5-28 3D打印出的吊灯

图5-29 3D打印出定制的iPhone小灯

图5-30　3D打印出自己的专属手机壳

（2）3D打印更多创新的商品店

利用3D打印技术来帮自己开一家创意饰品店是不是够新奇呢？3D打印不但保证了商品设计上很有创意，而且在大家都关心的成本上也低了很多，非常值得体验，这样的例子也已屡见不鲜。

图5-31所示的这款3D打印的趣味开瓶器既具有功能性又具有观赏性，不用的时候摆放起来就是一件精致的工艺品，这就是3D打印给我们带来的神奇与魅力。

图5-31　3D打印的趣味开瓶器

（3）3D打印人像

随着一些企业开始将3D打印运用到3D人像打印中，为3D打印在大众消费领域开辟出了一个广阔的市场。通过3D打印人像，不仅可以为个人保留3D人像，还能介入到影视衍生品领域，打印出影视人物、明星的3D人像。

与传统婚纱摄影的3D照片相比，3D打印人像（见图5-32）更具立体化。顾客只需把全身外形扫描出来，就可以等着3D彩色打印机"打印"小版的自己，能准确无误地保留下自己某一时刻的3D数据，这对消费者的吸引力无疑是巨大的。恐怕是很多年轻人的梦想。

如果在孩子还没有出生之前就想看到他的模样，可以利用B超获得的数据，将他用3D打印机打印出来（见图5-33）。

图5-32 3D打印人像婚纱照

图5-33 3D打印未出世的胎儿

　　由上可知，3D打印已经进入了人们生活的方方面面，随着技术的成熟和成本的降低，3D打印机将成为人们生活中不可或缺的必需品。3D打印技术也将是未来人才的必备技能之一。

**扩展阅读**

### 快美立等可取的3D打印深受消费者青睐

　　移动互联时代，3D打印行业该何去何从呢？

　　2013年是3D打印行业最火热的一年，也被称为3D打印元年。3D打印服务商百花齐放，号称"3D打印店""3D照相馆""3D造像馆"，各类关于3D打印照相的说法层出不穷（见图5-34）。3D打印真人、3D打印巧克力、3D打印DIY玩具模型等产品不断涌现，消费者对3D打印服务的需求不再局限于制作人像或是纪念品，而是集时尚定制、潮流科技、智能电子于一身的实用创意产品。用户对服务的需求也在随之增强，提升用户体验，已成为提升企业竞争力的关键。

图5-34 3D打印人像

**重视现场体验感 已突破3D扫描极限**

为了让产品和服务更接地气，为了更好地展示3D扫描及3D打印效果，自2014年年初，记梦馆品牌研发精英们全力攻克传统3D扫描僵硬和静态的3D人体数据采集体验感，呈现给众人的是一套360°瞬光3D影像捕捉系统，被记梦馆命名为"瞬光动态3D扫描系统"。该系统颠覆了以往制作3D人像需要保持不动1～3min的扫描过程，360°扫描做到只需0.005s便可以捕捉好跳跃、旋转、跑动等动态画面，随即得到拍摄人物的3D数据，市民可以选择制作成为专属影像MV在朋友圈分享或是制作成3D人像留做纪念。

据观察，相比同类型的3D扫描技术及其他的360°系统，瞬光动态3D扫描系统在捕获速度、相机数量及影像质量上有成倍的提升，同时兼具高效的色彩还原力和大胆的细节表现力。

截至7月底，这套系统内测期间，邀请了近550名体验者，包括自愿体验的街舞滑板舞蹈表演者以及当地的市民朋友，经过近10 000次拍摄测试，提供有效技术优化建议120条，解决及更新技术方案35次。测试捕捉特技演员高难度动态动作、弹跳旋转运动以及儿童、宠物造像3D数据采集，通过一系列的调查研究优化，已经对动态动作的记录及各材质外轮廓识别起到了历史意义上的绝佳技术支持。

**儿童畅游3D打印世界3D DIY智趣玩具**

如今的服务项目，已经可以做到不仅带孩子或是恋人们来3D照相，还可以现场设计DIY玩具或是定制品并立即打印出来。第四代全国3D打印体验馆全球特色化的互动体验式消费形态，成功将3D打印科技与生活连通。即将推出的是一款针对适龄儿童的3D打印体验服务项目，儿童可以通过在iPad上动手设计创作就可以实现小小梦想，将自己设计的机器人、变形金刚等玩具3D打印出来，这项服务被命名为"小小造物家"（见图3-35）。

图5-35　儿童利用3D打印制作智趣玩具

这也是全球首款将3D打印应用于儿童智力开发的服务项目，让孩子们感受科技魅力，零距离触及未来世界，在玩的过程中创造属于自己的玩具。

从记梦馆品牌创始人杨博智先生的描述中看到了未来科技即将普及生活的美好愿景，体验馆内具备人性化的互动设计、便捷的3D打印消费方式、多维视角体验空间，这将是3D打印在民用领域未来的发展方向，也是全球首家3D打印科技体验馆的领先之处。相信在不久的未来，3D科技体验馆将遍布各大中小城市，成为领先全球的行业风向标。

▶ 课堂讨论

4人一组分组进行讨论，时间为5min，组内代表进行总结发言。

在了解了3D打印在大众消费领域的应用之后，你觉得3D打印为什么那么受大众欢迎？

_____

_____

试着在网上搜索一些3D打印在大众消费领域的应用案例，向全班同学做汇报。

_____

_____

# 5.5　3D打印与教育应用

▶ 课前讨论

根据前面的学习内容以及你自己对3D打印的了解，讨论以下问题：

● 你们学校引进3D打印机了吗？引进的3D打印机是哪种类型？

● 在教学中如何使用3D打印机？

● 3D打印机在教育中还有哪些应用？

▶ 知识储备

经过近几十年的积累和发展，3D打印成为了当今全球最受关注的革命性产业技术之一，被认为是推动新一轮工业革命的重要引擎，同时引起了教育领域的高度关注，3D打印已经慢慢走进各大中小学的课堂，甚至传统教育方式可能被3D打印颠覆。

1．3D打印走进教育的背景

在这个知识膨胀的年代，各种网络技术、新型媒体让人们学习的时空大大拓展，人们不会怀疑，若能充分运用3D打印、学教资源平台应用与学教搜索引擎（域云教育）、分布式资源系统（云教育）、云计算（桌面或终端）等，采用书本学与实践学相结合等的学习模式，将会大大有效地促进人的信息整合与运用能力、创新能力的养成。

在工业4.0革命的推动下，加快学生创新能力的培养显得十分重要。以前那种灌输式、以教师为中心、以单纯传授知识为主的教学方法已经不适应工业4.0的需要，现在已经到了急需从"以学科为中心"向"以学习者为中心"转变的时候，那些拥有责任心的教育工作者也因此会大力推行以学生为主体的课堂（如小组合作学习、探讨式教学、互动式教学、混合式教学等）。

可喜的是，3D打印技术应用于教育，为教学提供了思想、智慧与科技相融合的最佳路径，并将会成为一个以"学生为中心"的非常好的应用典范。

2．3D打印技术在中小学课堂的应用

基础教育是为了培养孩子未来的生存和工作的基本能力素养，具有一定的前瞻性，培养孩子们能够更好地适应时代的发展。面对工业4.0的浪潮，教育需要更多地让孩子们接触、感知和体验未来的新兴技术，培养学生的创造性思维能力，而3D打印技术的普及为学校的创新教育提供了新的视角和技术支持。

> **扩展阅读** ● ● ●
>
> 2014年5月，世界3D打印技术产业联盟秘书长、中国3D打印技术产业联盟执行理事长罗军表示，联盟正在组织国内外权威专家编写3D打印教育培训标准。有媒体报道，南京今年计划在20所小学和初中率先配备3D打印装备。预计2～3年后，每个学校都有3D打印课。世界3D打印技术产业联盟秘书长、中国3D打印技术产业联盟执行理事长罗军表示，联盟正在和地方政府合作3D打印进校园事项，计划两年至少采购2000台桌面机。

正如上面所言，如今，全国各地很多中小学校已经开始配备3D打印机。一些学校引入3D打印机的初衷很简单，在指导学生进行科技发明和创造时，学生的创意让老师们很惊喜，但是常常由于条件限制，不能制作出样品。很多学生的创意大多留在图纸上，因为如果要做样品，就要制作模具，价格昂贵。自引入3D打印机将之用于教学后，给课堂带来了新活力。老师们表示，特别是对于数理化学科（如化学的分子结构、立体几何、高中通用技术），将抽象的概念图形用3D打印机来具象化，更利于学生学习和理解课本知识，有助于将学生培养成为设计师和工程师。另外，利用3D打印机打印立体模型，通过创造样品的过程使学生获得更多的经验，激发学生的学习兴趣，培养学生的创新思维能力，提高学生的设计创造能力，如图5-36~图5-38所示。

中山市第一中等职业技术学校的灯饰设计专业致力于培养灯饰造型设计专业人才，平时教学及学生毕业设计都需要制作大量的灯饰模型，但只能在软件上看到学生作品或者通过泡沫石膏等制作的模型，很难满足实际评估需求。学校投入资金购进3D打印机，直接打印精细模型，打印材料为ABS，可进行打磨、喷漆等，灯饰的外观和结构均能完美呈现（见图5-39）。这种3D打印机能应用于外观验证、结构装配、功能测试，操作简单、对环境无要求，非常适合于教学。

图5-36 孩子们的3D打印作品　　　　　　　　图5-37 让孩子画出的线条变成3D实物

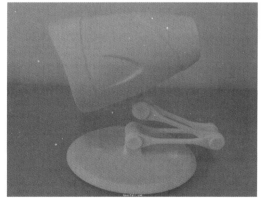

图5-38 3D打印的模型　　　　　　　　　　图5-39 学生打印的灯饰

3．3D打印技术在大学课堂中的应用

近年来，很多的高教专业在摸索着创新教学模式，把3D打印系统与教学体系相整合。一方面，3D打印机可以提高学生在掌握技术方面的优势，提高学生的科技素养；另一方面，利用3D打印机打印出来的立体模型显著提高了学生的设计创造能力。3D打印机在国内大学教学上应用的方式（见图5-40）如下：

1）数学系的学生可以将他们的"问题"打印出来，并在他们自己的学习空间中寻找答案。例如，打印一个几何体，让他们更直观地去了解几何体内部各元素之间的联系。

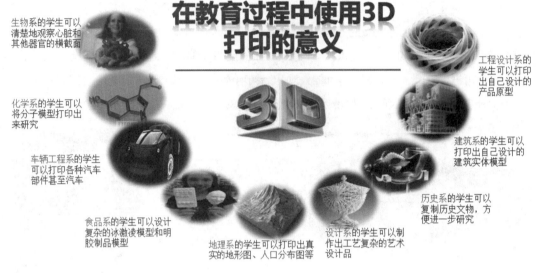

图5-40　3D打印在大学的应用

2）工程设计系的学生可以用它打印出自己设计的原型产品进行测试与研究。

3）建筑系的学生可以用它简便快速地打印出自己设计的建筑实体模型。

4）历史系的学生可以用它来复制有考古意义的物品，方便进一步的观察。

5）平面设计系的学生可以用它来制作3D版本的艺术品以及一些基本的模型。

6）地理系的学生可以用它来绘制真实的地势图和人口分布图。

7）食品系的学生可以用它设计食物的产品造型。

8）车辆工程系的学生可以打印各种各样的实体汽车部件，便于测试。

9）化学系的学生可以把分子模型打印出来进行观察。

10）生物系的学生可以打印出细胞、器官和其他重要的生物样本。

---

**扩展阅读** ●　●　●

### 海南高校首批学生设计3D打印作品

海南工商职业学院是全国高职院校首个开办3D打印专业的院校。

"这是一个双向挂钩，中间的三角形起到支撑的作用。"2015年5月27日上午，海南工商职业学院实训楼9楼3D实训室，2014级材料成型与控制技术专业（3D打印方向）学生李德锦高兴地向记者介绍着由他设计、耗时2h打印出来的"3D打印挂钩"。

在进行了一个多学期的理论学习之后，海南工商职业学院材料成型与控制技术专业（3D打印方向）的15名学生在老师的指导下，每个人都设计打印出了自己的"3D打印作品"（见图5-41）：挂钩、花盆、笔筒、手机架、水杯……

图5-41 学生打印的作品

对于高职学生来说，3D打印的关键就是产品创意。打印出来什么样的作品，首先取决于学生的设计创意，其次是使用的3D打印机能否实现这一创意，另外还有使用的打印材料。

由此可见，3D打印技术在教育教学中的优势显著，前景可观。可以预见，随着学校的对3D打印技术的了解与重视、政府对教育教学技术的引导，以及3D打印技术的不断改进、成本的持续降低，3D打印技术走进我国教学课堂指日可待。

**扩展阅读**

### 对于3D打印机，国外的学生和教师在想什么？

在麻省理工学院，像Steven Keating这样的学生们也正在使用以切割边缘的方式使用3D打印机，使得模型不再是普通简单的。机械工程的一个学生把3D打印机描述成一个非常有价值的研究工具，因为它可以加快项目进程，而传统模型方法很费时间。以传统方式研究，对于普通群众来说的确是太高科技了，而此项技术则可以普及科研和创造。

麻省理工学院土木与环境工程系机械副教授Pedro Reis说，与此同时，打印速度仍然是3D打印机的一个挑战。虽然3D打印作为还原原型的工具优势明显，但是在大型物件上，它还是落后于传统制造方法。

"当你看到学生们3D打印出来的作品，你不得不惊叹。"Reis说，"3D打印给他们能量，开发了他们的想象力，为他们打开了一扇全新的大门去表达自己的想法。"

化学组副教授Ben King来说，在连接科技方面，人与人间的交流仍然是个隔阂。他说，使用了3D打印机，不仅鼓励人们活灵活现地展示想法，创造一个又一个器具，还可以向外行展示最终作品。"例如，化学教学的一个难处是解释分子成型。"King说，"3D打印技术移除了这一障碍，这就意味着，在基础上改变了教授化学看待分子的方式。这真的是一种乐趣。"

许多的教师认为，加快学习过程的关键是合作。"过去，人们只在各自的圈子里，这有什么好处？"Colegrove说，"现在，工程师与艺术家交流，创造出新形式的知识。以前的教学模式是有知识的人在台上，现在的方法是通过向别人学习，擦出思想的火花，发展成无限光芒。"

有关3D打印机在大学的趣事以及给师生带来的思想变化，在欧洲也在演绎着。

现在3D打印机已经进入了美国许多中小学校。

我们相信孩子是我们的未来。如果在孩提时代，你就拥有了一台3D打印机，想象一下你现在的生活会是什么样子？而现在我们所要做的就是把3D打印机交到下一代手上。

由于互联网的发展，中国在这次科技演变理解中并没有远离"重心"，因为国家已经意识到我们的确正在面临一场新的工业变革。也许这一次中国不会跑到后面了。

现在，3D打印机正在朝中国的中小学及职业院校走来。

## ▶ 课堂讨论

4人一组分组进行讨论，时间为5min，组内代表进行总结发言。

在了解了3D打印在教育领域的应用之后，讨论一下你觉得你可以怎样来应用3D打印机丰富和提高自己的学习效果？

_____

_____

试着在网上搜索一些3D打印在教育领域的应用案例并向全班做汇报。

_____

_____

## ▶ 模块总结

　　本模块主要学习了3D打印在各个领域（工业、医疗、建筑、大众、消费等领域）的应用状况，这一模块可以结合模块3来进行学习。不同的3D打印工艺应用也是不同的，所以在了解3D打印的应用领域和具体的案例时有必要弄清楚是什么工艺进行打印的，所需要的材料又是什么。这有助于将知识贯穿起来，进行系统的运用。

　　根据要求，完成以下模块任务和模块练习。

## ▶ 模块任务

### ● 任务背景

　　学校要组织一次关于"3D打印改变世界"的主题演讲。你和你的同学在了解了3D打印机在各个领域的应用之后，也想要参加这次演讲比赛。于是你们开始准备演讲稿。

### ● 任务形式

　　教师根据学生人数，把学生分组，每组2~3名同学合作完成任务。

### ● 任务介绍

1）合作准备3D打印改变世界的演讲稿。

2）展示一些相关的图片。

3）选出代表来进行发言，最后评选出一等奖、二等奖各一名。

### ● 任务要求

1）5min准备时间，包括收集素材和进行构思。

2）15min演讲稿编写时间，要求主题突出，可以结合教材的案例，也可以结合自己网上搜索的案例。

3）5min演讲时间，要求演讲内容逻辑清晰，展示的图片要清晰美观。

4）教师选出优秀组进行颁奖。

● 任务总结

1）_____

2）_____

3）_____

# 模块练习

1）用思维导图的形式概括出本模块学习的主要内容。

2）课后查阅资料，了解一下3D打印在其他领域的应用。

# 模块6

# 3D打印的发展方向 ◀

　　在3D打印刚刚萌芽的时候，人们根本不会想到以往"天马行空"的想象力会有变成现实的一天。而如今，3D打印技术正在向着令人神往的方向发展，慢慢去一步步验证着这一神奇。当然在现阶段，3D打印技术还有很多局限性，但随着技术的不断完善，以及3D打印本身不可替代的优势，会有越来越多的人愿意去尝试并创作。相信在未来，随着技术的不断进步和革新，3D打印的前景会非常可观，未来它将发挥更大的优势，为更多的人创造价值。

　　本模块的学习目标如下：

- 了解3D打印的优势。
- 了解目前3D打印面临的主要问题。
- 了解3D打印的发展方向。

# 6.1  3D打印的优势

▶ **课前讨论**

根据前面的学习内容以及自己对3D打印的了解，讨论以下问题：

● 3D打印为什么会发展如此迅速？

● 举例说明3D打印的优势。

▶ **知识储备**

### 1. 传统生产技术的缺陷

大部分物品的生产方式都是从大到小。例如，键盘是整块塑料加工成小零件，然后再将这些零件拼装起来成为整体；芯片生产也是先制造好一整张晶圆，然后再将成品从晶圆上切割下来。这种传统的生产方式从古至今一直都是人类生产产品的主流方式，但它依旧存在不少问题。

首先就是材料的浪费。从大到小，总有部分材料会成为废品，当然生产材料、加工材料的时间及能量的消耗也不能忽视。

其次是生产规模大、生产条件苛刻。为了更有效率地从大到小生产产品，人们设计了庞大的流水线和大规模工厂，部分产品还需要专业人士额外设计模具等才能加工，无论是产品的入门门槛还是生产难度都很高。

再次，缺乏个性化。所有的工业流水线上下来的产品，外形和配置都差不多。

除了上述缺点外，还有一个问题在于某些产品对生产者有较高要求，传统生产方式无法随心所欲随时随地制造、生产，一些形体比较复杂的产品也难以制造（如中空产品）。

从19世纪开始，就有很多有识之士开始思考生产方式的改革——既然从大到小生产存在这么多问题，那么能不能从小到大生产呢？从原料开始，一点点堆积、结合，最终成为人们需要的产品。这就是3D打印技术最初的思想，它隶属于快速成型技术，这个技术类别中还包含了诸如光固化成型技术、薄材叠层制造成型、熔融沉积快速成型技术等多种产品制造手段。其中最火热、发展最迅速的就是3D打印技术。

2．3D打印的优势

3D打印能获得如此迅速的发展其优势是显而易见的。不像传统制造机器那样通过切割或模具塑造制造物品，3D打印通过层层堆积形成实体物品的方法从物理的角度扩大了数字概念的范围。对于要求具有精确的内部凹陷或互锁部分的形状设计，3D打印机是首选的加工设备。具体来说，3D打印的优点如下：

（1）制造复杂多样的物品，不增加成本

就传统制造而言，物体形状越复杂，制造成本越高。对3D打印机而言，制造形状复杂的物品成本不增加，制造一个华丽的形状复杂的物品并不比打印一个简单的方块消耗更多的时间、技能或成本。制造复杂物品而不增加成本将打破传统的定价模式，并改变人们计算制造成本的方式。

一台3D打印机可以打印许多形状（见图6-1）。它可以像工匠一样每次都做出不同形状的物品。传统的制造设备功能较少，做出的形状种类有限。3D打印省去了培训机械师或购置新设备的成本，一台3D打印机只需要不同的数字设计蓝图和一批新的原材料即可进行打印。

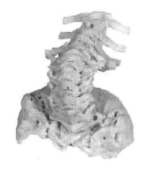

图6-1 3D打印的复杂多样的模型

（2）即拆即用无须组装，不占空间便携制造

3D打印能使部件一体化成型。传统的大规模生产建立在组装线基础上，在现代工厂，机器生产出相同的零部件，然后由机器人或工人（甚至跨洲）进行组装。产品组成部件越多，组装耗费的时间和成本就越多。3D打印机通过分层制造可以同时打印一扇门及上面的配套铰

链，不需要组装。省略组装就缩短了供应链，节省了在劳动力和运输方面的成本。供应链越短，污染也越少。

就单位生产空间而言，与传统制造机器相比，3D打印机的制造能力更强。例如，注塑机只能制造比自身小很多的物品，与此相反，3D打印机可以制造和其打印台一样大的物品。3D打印机调试好后，打印设备可以自由移动，打印机可以制造比自身还要大的物品。较高的单位空间生产能力使得3D打印机适合家用或办公使用，因为它们所需的物理空间小。

（3）零时间交付，减少库存

3D打印机可以按需打印。及时生产减少了企业的实物库存，企业可以根据客户订单使用3D打印机制造出特别的或定制的产品满足客户需求，所以新的商业模式将成为可能。如果人们所需的物品按需就近生产，零时间交付式生产能最大限度地减少长途运输的成本。

（4）设计空间突破局限，混合材料无限组合

传统制造技术和工匠制造的产品形状有限，制造形状的能力受制于所使用的工具。例如，传统的木制车床只能制造圆形物品，轧机只能加工用铣刀组装的部件，制模机仅能制造模铸形状。3D打印机可以突破这些局限，开辟巨大的设计空间，甚至可以制作目前可能只存在于自然界的形状。

对当今的制造机器而言，将不同原材料结合成单一产品是件难事，因为传统的制造机器在切割或模具成型过程中不能轻易地将多种原材料融合在一起。随着多材料3D打印技术的发展，人们有能力将不同的原材料融合在一起。以前无法混合的原料混合后将形成新的材料，这些材料色调种类繁多，具有独特的属性或功能。

（5）直接操作，零技能制造

传统工匠需要当几年学徒才能掌握所需要的技能。批量生产和计算机控制的制造机器降低了对技能的要求，然而传统的制造机器仍然需要熟练的专业人员进行机器调整和校准。3D打印机从设计文件里获得各种指示，做同样复杂的物品，3D打印机所需要的操作技能比注塑机少，小学生都可以学会简单的3D打印技巧（见图6-2）。非技能制造开辟了新的商业模式，并能在远程环境或极端情况下为人们提供新的生产方式。

图6-2　小学生在学习3D打印

（6）降低浪费，减少废弃副产品

与传统的金属制造技术相比，3D打印机制造金属时产生较少的副产品。传统金属加工的浪费量惊人，90%的金属原材料被丢弃在工厂车间里。3D打印制造金属时浪费量有所减少。随

着打印材料的进步，"净成型"制造可能成为更环保的加工方式。

（7）实体物品，精确复制

数字音乐文件可以被无休止地复制，音频质量并不会下降。未来，3D打印将数字精度扩展到实体世界。扫描技术和3D打印技术将共同提高实体世界和数字世界之间形态转换的分辨率，人们可以扫描、编辑和复制实体对象，创建精确的副本或优化原件（见图6-3）。

三维扫描

获取的三维数据　　打印完成的人像

图6-3　人像扫描和打印

**扩展阅读** ● ● ●

### 3D 打印推动智能制造

国内3D打印专家刘江涛认为，作为"工业4.0"革命核心技术之一，3D打印技术将对未来以智能制造为主导的工业产业升级产生巨大的推动作用。3D打印可以直接采用三维建模+3D打印机将所需产品迅速高效地制作出来，继而形成高度灵活的数字化和个性化的生产模式，而这恰恰是"工业4.0"时代的核心意义。届时，传统制造业会向智能制造业转化，智能工厂将成为新型工业形式。

"现在的工厂往往是几百个工人操作几百台机器，但等到3D打印技术成熟到一定阶段，可能会出现一个工人去操作几百台机器的情况，因为3D打印技术主要就是一个程序的控制。这也对当代工人的技能和知识水平提出了更高的要求，需要对制造工人进行再培训，只有这样才能创造更多的新的'人口红利'。"

中国3D打印技术产业联盟秘书长罗军甚至提出了更为大胆的想象："今后的工业车间里，一边是3D打印机，一边是机器人。"

## 课堂讨论

4人一组分组进行讨论，时间为5min，组内代表进行总结发言。

在了解了3D打印的优势之后你认为3D打印机最大的优势是什么？

_____

_____

试着在网上搜索一些不同种类的3D打印机，并举例来进行介绍。

_____

_____

# 6.2  3D打印面临的主要问题

## 课前讨论

3D打印虽然优势显著，在当今备受人们推崇，但是并非完美无缺。下面讨论以下几个问题：

- 3D打印有哪些问题和缺点？
- 你最不能接受3D打印的哪些缺点？
- 你有哪些办法来克服和解决3D打印的问题和不足？

## 知识储备

3D打印技术给人类带来了新奇和进步，但毕竟还是起步阶段，有的还在实验室模拟试验之中，想要成为主流的生产制造技术，并形成庞大的产业，还面临巨大的挑战。

1）3D打印需要模型设计软件做支撑。对于一般用户来说，要学会CAD（计算机辅助设计）等制作工具并非想象中那么简单。CAD是指利用计算机及其图形设备帮助设计人员进行设计工作，利用计算机可以进行与图形编辑、放大、缩小、平移和旋转等有关的图形数据加工工作。3D打印制造神奇，CAD等设计软件是基础。一般没有专门学习过设计理念和设计软件的普通人士是很难独立设计出想要的模型的。现在3D扫描技术也越来越普及，未来人们只要扫描一下实物就可以获得实物的模型，然后再进行打印。

2）价格优势还不明显。在某些情况下，3D打印产品最终耗费的成本和零售店产品的价格差不多。目前条件下，3D打印还不具备规模经济的优势，价格方面的优势还不明显。

3）材料的限制。虽然高端工业印刷可以实现用塑料、某些金属或者陶瓷进行打印，但无法实现打印的材料都是比较昂贵和稀缺的。另外，打印机也还没有达到成熟的水平，无法支持日常生活中所接触到的各种各样的材料。研究者们在多材料打印上已经取得了一定的进展，但除非这些进展达到成熟并有效，否则材料依然会是3D打印的一大障碍。

4）技术的限制。3D打印目前的发展并不完善，集中表现在成像精细度（即分辨率）太低。3D打印在工艺上还有很大的进步空间。

5）机器的限制。3D打印技术在重建物体的几何形状和机能上已经取得了一定的成绩，几乎任何静态的形状都可以被打印出来，但是那些运动的物体和它们的清晰度就难以实现了。这个困难对于制造商来说也许是可以解决的，但是3D打印技术想要进入普通家庭，每个人都能随意打印想要的东西，那么机器的限制就必须得到解决才行。

6）知识产权将成为较大纠结。人们的想象力有多大，3D打印的用途就有多广。遗憾的是，打印对象副本，即使只是复制个人设计，这类行为仍然会产生知识产权问题。3D打印被视作一门新兴技术，虽然法律对其知识产权问题尚未做出明确界定，而完全复制他人创意的做法还是不可取的。当3D打印机组合一个3D扫描仪时，知识产权问题将更为突出。扫描仪不仅可以复制外形，而且可以复制更为复杂的细节。这种行为要比抄袭专利或版权严重得多。

7）道德的挑战。什么样的东西会违反道德规律是很难界定的，有媒体曾经报道英国研究人员首次使用3D打印机打印出胚胎干细胞，引起了轰动。试想如果有人打印出生物器官和活体组织，甚至利用3D打印可以制造出"生命"，这将和"克隆"一样在不久的将来会遇到极大的道德挑战。此外，3D打印手枪的问世，也引起了人们的心理恐慌和不小的轰动。

## 案例分享 ▲▲▲

### 世界首支3D打印手枪问世 可实弹击发

通过3D打印技术打印手枪可以说已经不算什么新闻了，但是之前虽然Liberator被冠以全球首款完全使用3D打印的手枪，但实际上根本算不上真正的枪。而这里要介绍的这支3D打印的手枪才是真手枪。它使用了已进入公共领域计划的M1911手枪模板，并使用了激光烧结技术来加固金属粉末。它和真正的半自动手枪没有什么区别。

由Solid Concepts公司制作的这把3D打印手枪是完全合法的。该公司拥有联邦火器许可证，而且M1911的枪械设计图在网上可以随意搜到。工程师们根据M1911的设计图创建了三维模型，然后简单地使用金属粉末打印并加热加固，保证开枪时不会损坏枪体。要得到最后的成品还要进行很多收尾工作，包括打磨枪身以及调整枪膛。尼龙握把是使用激光烧结技术制作的，而弹簧和弹药则是使用现成的成品。成品手枪目前为止已经通过连发50多枪的耐力射击测试（见图6-4）。

图6-4　3D打印的手枪

Solid Concepts市场营销副总裁Scott McGowan说："我们证明了金属激光烧结技术的可用性。我们的产品和Liberator完全不同，普通的3D打印爱好者是无论如何也做不出这种工艺的，它也不是随便就能在车库中造出来的东西。"

Scott McGowan称，公司希望用这一技术帮助枪械制造者制作工艺难度较大的零部件。同时，他们只会与符合条件的合法客户合作。虽然打印机的成本超过了50万美元，但McGowan称其为"专业工程师为专业客户打造的专业机器"。

Solid Concepts增材制造部副总裁Kent Firestone这样写道："我们已经证明了这项技术的可能性，现在我们可以使用金属3D打印制造真正的枪支。如果符合条件的客户需要某个特殊的部件，我们可以在5天内提供成品。"

8）花费的承担。3D打印技术需要承担的花费是高昂的。如果想要普及到大众，降价是必须的，但又会与成本形成冲突。但是随着技术的不断发展以及新材料的不断研发，3D打印的成本会呈不断下降的趋势。

相信随着技术的不断进步，以上的这些问题都会得到解决，未来3D打印必然会得到普及。

# 3D打印对现行知识产权制度的挑战

　　美国知名经济杂志《连线》对3D打印的知识产权问题做出一个假设：当3D打印机组合一个3D扫描仪时，知识产权问题将成为一句"空话"。理论上讲，如果拥有一台3D打印机和3D扫描仪，将对任何看得见的物体通过这套组合设备进行还原，这种行为要比版权侵权或抄袭专利严重得多。3D打印的知识产权保护对象分为实物（useful object & creative object）和扫描或设计生产的模型文件（file）两种。本文从3D技术原理出发，分别对其涉及的版权、商标和专利权知识产权等问题进行探讨。

　　（1）实物版权保护

　　3D打印领域涉及版权、专利和商标等知识产权问题。其中，关系最密切的当属版权问题，这是由于3D打印本身实质上是一种复制，而著作权法所要禁止的恰恰就是非法复制。2015年3月，我国公布的著作权法修改草案中，"实用艺术作品"被添加到了受保护范围内，具有实际用途和艺术效果的3D打印作品的外观将可能获得著作权法的保护，这对3D打印行业的有序发展极为有利。但是，怎样具体判定一件3D打印作品兼具实用性及艺术性，著作权法与专利法对3D打印作品的外观设计保护如何分工配合，需要等待司法解释或配套的实施细则来加以明确。

　　（2）模型文件的版权保护

　　模型文件可以分为扫描生成的模型文件和设计生成的模型文件，对应于实用性物品和创意物品，其版权保护结果不一。由实用性物品扫描生成的模型文件不能受版权保护，这是由于扫描者未有原创性付出，而且其打印出的产品也不能获得版权保护;对创意物品扫描生成的模型文件，该创意物品原件具有版权，但该文件扫描者由于未付出创意性劳动，因此扫描文件也不具备版权，如果复制需要获得物品创造者的允许，而不是扫描者。对实用性物品设计生成的模型文件，理论上具有版权，根据模型文件打印的物品不会侵犯该模型文件的版权，如果不经过授权，而为了制造物品而复制文件则可能侵权。对于创意物品经设计而成的模型文件，文件和物品都是具有独立的版权的。

　　（3）其他知识产权问题

　　3D打印可能会涉及商标权侵权。3D打印面临的难题是，尽管模型文件复制了产品上的商标，但如果消费者打印产品进行个人使用而且不进行销售，这就不是商标使用。如果某人创造并公开包含已注册商标的模型文件，事情将变得复杂。虽然包含商标或许就是商标使用，但问题是商标（能用于制造商品的数字图像和数字文件的一部分）是否用在注册商品上或与注册商品相关联。如果复制商品不展现或不使用原始制造商的商标，那么这种复制很可能就不是假冒。

　　3D打印与专利保护有着千丝万缕的关系。专利可以保护产品、制造方法和外观设计，在3D打印领域，要复制的产品及产品的外观设计只要满足专利的授权条件是可以获得专利保护的。但是，专利权人在物理世界中维权会很困难，在3D打印这种半物理半虚拟网络化的世界中，专利权人需要证明有人确实在物理世界复制了其专利产品，就更加困难。另外，和商标保护类似，专利权的保护也只限于商业使用，出于非商业目的的使用就不会造成专利侵权。

## 课堂讨论

4人一组分组进行讨论，时间为5min，组内代表进行总结发言。

在了解了3D打印面临的问题之后，讨论一下你认识的3D打印机的是否也存在这些问题，你觉得最大的问题是什么？

_____

_____

试着在网上搜索一些不同种类的3D打印机，并举例来进行介绍。

_____

_____

# 6.3  3D打印的发展方向

## 课前讨论

根据前面的学习内容，讨论以下问题：

● 未来3D打印还会有哪些发展？

● 你希望未来出现什么样的3D打印机？

## 知识储备

### 1. 3D打印的发展前景

毋庸置疑，未来3D打印的发展前景是非常可观的。结合目前的发展现状，可以预想到未来3D打印会突破重重限制获得更多新的发展。

（1）3D打印应用领域会继续扩展延伸

3D打印的优势在2011年被充分应用于生物医药领域，利用3D打印进行生物组织直接打印的概念日益受到推崇。比较典型的包括Open3DP创新小组宣布3D打印在打印骨骼组织上的应用获得成功，利用3D打印技术制造人类骨骼组织的技术已经成熟；哈佛大学医学院的一个研究小组则成功研制了一款可以实现生物细胞打印的设备；另外，3D打印人体器官的尝试也正在研究中。

随着3D打印材料的多样化发展以及打印技术的革新，3D打印不仅在传统的制造行业体现出非凡的发展潜力，同时其魅力更延伸至食品制造、服装奢侈品、影视传媒以及教育等多个与人们生活息息相关的领域。相信未来更多的领域会与3D打印进行结合。

（2）3D打印速度、尺寸及技术日新月异

在速度突破上，目前个人使用3D打印机的速度已突破了送丝速度300mm/s的极限，达到350mm/s。在体积突破上，3D打印机为适合不同行业的需求，也呈现"轻盈"和"大尺寸"的多样化选择。

（3）设计平台革新

基于3D打印民用化普及的趋势，3D打印的设计平台正从专业设计软件向简单设计应用发展，其中比较成熟的平台有基于Web的3D设计平台3d Tin，另外，微软、谷歌以及其他软件行业巨头也相继推出了基于各种开放平台的3D打印应用，大大降低了3D设计的门槛，甚至有的应用已经可以让普通用户通过类似玩乐高积木的方式设计3D模型。

（4）色彩绚烂、形态逼真

用3D打印机打印出来的产品除了色彩丰富之外，也相当精美。打印出色彩逼真而且没有任何毛刺的物体，不仅会受到3D打印发烧友的喜爱，也会受到普通消费者的欢迎（见图6-5）。

图6-5　色彩绚烂的3D打印产品

（5）3D打印大规模生产社会化

3D打印进入制造业已经有段时间了，但现阶段，很多工厂里面的零部件制造还在使用传统的制造方式。虽然已有小规模的使用3D打印机帮助工厂提高效率，但是大规模使用3D打印机进行工厂部件制造已成当务之急。

随着性能的不断提高，3D打印机被整合进生产线和供应链的机会更多，经验也会变得更加丰富，在不久的将来，我们有望看到集成了3D打印零部件的混合制造工艺。

2．各种不同种类打印机的发展方向

（1）桌面级3D打印机

桌面级3D打印机的普及只是时间问题，最终取决于3D打印机自身的工艺改造和技术完善。桌面级3D打印机的发展趋势如下：1）桌面3D打印机将变得更为小巧、便于携带，外表上看起来更时尚；2）触屏功能、摄像功能、上网功能、自动修复功能一应俱全；3）打印的精度非常高、打印的材料非常便宜；4）价格大多控制在3000元人民币以内，成本大概在1000元人民币左右；5）市场空间非常巨大，预计国内市场保有量在2亿台以上，3D打印机进入家庭、进入学校将变为常态。

（2）工业级3D打印机

工业3D打印机的发展趋势如下：

1）平台化、智能化、系统化。未来的产业形态一定是平台化趋势，是众多先进制造技术的融合发展，3D打印也不例外。

2）对传统制造业的全面渗透和覆盖，但仅仅是生产流程和生产工艺中某个环节的应用。

3）随着技术的进步，稳定性、精密度将不再困难，材料可以全面突破。

4）成本降低以后，将率先在铸造、模具等行业全面渗透，并在其他领域得到广泛推进。

5）打印速度将显著提高，一个激光头还是两个激光头将不再是影响速度的主要因素。

（3）生物3D打印机

生物3D打印机的发展趋势如下：

1）应用面将大大提高，不再仅仅停留在打印牙齿、骨骼修复等方面，打印部分人体器官将成为常态。

2）整个应用推广的进程相对缓慢，主要取决于各个国家的政策支持程度。

3）复杂的细胞组织和器官的打印还有很多技术难题需要突破。

（4）建筑3D打印机

建筑3D打印机的发展趋势如下：

1）现在的框架结构建筑实质就是运用了3D打印技术的原理。在标准化、批量化建筑领域，3D打印的市场几乎不会存在。

2）对于一些特殊环境下的建筑需求，将有逐步试行的可能。

3）虽然个性化建筑使用面最广，但是由于成本因素并不一定具有较大优势。

4）未来的市场保持谨慎乐观，作为一项新技术，还需要不断尝试，去总结和发现。

3．3D打印材料的发展

未来3D打印的耗材会朝着数量增加、性能优化的方向发展。3D打印材料的发展趋势如下：

1）目前，国际上处于垄断地位的材料企业还将保持3～5年优势。

2）随着技术的进步和3D打印技术的不断优化，材料问题将不再是困扰行业发展的难题。

3）智能材料将异军突起。智能材料其实也是功能性材料的一种，可以随着时间、温度等外部环境的改变而发生变化。

4）可降解的环保材料将占据主流，其他材料将被淘汰。

5）材料的成本将显著降低。

**扩展阅读** ● ● ●

### 4D打印技术

4D打印就是在3D打印的基础上增加时间元素。它首次是在洛杉矶举行的"科技、娱乐、设计（TED）"大会上，由麻省理工学院自我组装实验室的科学家斯凯拉·蒂比茨对这款产品进行了展示。在展示过程中，一根复合材料在水中完成了自动变形。据介绍，这根复合材料由3D打印机"打印"，所使用的原材料为一根塑料和一层能够吸水的"智能"材料。蒂比茨称："打印过程并不是新鲜的东西，但关键是打印出来后发生的变化。"

对于这一技术的运用，蒂比茨认为其能够自我变形的特性可以让物体实现在地下管道等难以接触到的地方进行自我组装。此外，这一技术还有可能应用到家具、自行车、汽车、甚至建筑物的制造上。

蒂比茨正在寻找制造商与他合作，以期在这些方面进行创新。"我们在寻找必须使用到这些材料的产品……设想一下，如果水管能够自我延伸，应对不同的需求和流量，这样就能够省掉挖掘街道的步骤了。"

一些专家认为，这一技术的问世可能预示着自我组装家具时代的来临。美国软件开发商、参与4D技术开发的欧特克公司正在对此进行更进一步的研究。该公司首席研究专家卡洛·奥古恩称："想象一下这样的场景，你在宜家买到一把椅子，然后把它放到你的屋子里，关键的是，这把椅子会自我组装。"

奥古恩说，4D打印概念的灵感来自于生物的自我复制能力。不过，该技术初期只能"打印"自动变形的条状物体，其下一步的研究目标是"打印"片状物体，然后才是结构更加复杂的物体。

## ▶ 课堂讨论

4人一组分组进行讨论，时间为5min，组内代表进行总结发言。

在了解了3D打印的发展前景之后，你觉得有没有要补充的内容呢？讨论一下如果每个家里都有一台3D打印机，社会会有哪些变化？

_____

_____

试着在网上搜索一些新的有关3D打印技术发展的信息，跟大家分享。

_____

_____

## ▶ 模块总结

3D打印之所以能在近些年以迅雷不及掩耳之势传播到各个领域，说明其的确具有一定的应用优势。我们要持辩证的眼光看待问题，3D打印受材料和目前的技术所限还无法实现向传统工艺制造的大规模生产。我们要清楚地认识到，3D打印技术应用与传统生产制造之间并不是冲突或者矛盾的存在关系，而是互补的关系。传统生产工艺可以进行大规模大众化生产制造，而3D打印可以实现小规模的个性化生产制造，两者对于我们的社会来说都是缺一不可的。未来个性化生产制造的需求会越来越大。

下面根据要求，完成以下模块任务和模块练习。

## ▶ 模块任务

● **任务背景**

教师组织一次关于"3D打印好与坏"的辩论赛。学生分为正方和反方，正方观点认为"3D打印好多于坏"，反方认为"3D打印坏多于好"。同学在了解了3D打印机的优缺点后可以自愿参加正方和反方。

● **任务形式**

教师在学生自愿的原则上将学生分成两大组，一组为正方，一组为反方。

● **任务介绍**

1）每组合作准备辩论赛的辩论内容，推荐组员上台辩论。

2）辩论时要有理有据，最好展示一些相关的图片。

3）选出代表来进行发言，最后评选出一等奖、二等奖各一名。

● **任务要求**

1）5min准备时间，包括收集素材和进行构思。

2）15min辩论时间，要求主题突出，可以结合教材的内容，也可以结合自己网上搜索的内容。

3）5min教师总结时间，要求对两组学生的表现做出评价。

4）教师选出优秀组进行颁奖。

● **任务总结**

1）＿＿＿＿＿＿＿＿＿＿＿＿＿＿＿＿＿＿＿＿＿＿＿＿＿＿＿＿＿＿＿＿＿＿＿＿

2）＿＿＿＿＿＿＿＿＿＿＿＿＿＿＿＿＿＿＿＿＿＿＿＿＿＿＿＿＿＿＿＿＿＿＿＿

3）＿＿＿＿＿＿＿＿＿＿＿＿＿＿＿＿＿＿＿＿＿＿＿＿＿＿＿＿＿＿＿＿＿＿＿＿

# ▶模块练习

1）用思维导图的形式概括出本模块学习的主要内容。

2）课后查阅资料，了解一下4D打印和5D打印。

# 模块7

## 3D打印的就业岗位

本模块的学习目标如下：

- 了解3D打印的相关的工作岗位以及岗位相应的工作内容。
- 了解3D打印从业人员应该具备的职业素养。
- 能够做好自己的职业规划。

# 7.1 3D打印岗位概述

## ▶ 课前讨论

3D打印的发展与壮大离不开很多相关的岗位人员的辛苦与努力。下面首先来讨论以下问题：

- 与3D打印相关的工作有哪些？主要的工作内容是什么？

- 你希望自己未来从事什么工作？

- 如果你会参与到3D打印的大潮之中，你觉得自己会从事哪一方面的工作？为什么？

## ▶ 知识储备

3D打印从一开始应用于工业模具制造中就产生了很多相关的工作岗位，后来随着3D打印的不断普及，越来越多的岗位产生出来。首先从3D打印的研发上来说，存在着3D打印研发工程师岗位；其次从3D打印模型设计上来说，存在着模型设计师和逆向造型设计师；再者从生产制造层面来说，又存在着3D打印操作工程师、3D打印质检工程师、3D打印后期处理工程师及机械维护工程师；最后从3D打印的售后和服务层面来说，存在着3D打印销售服务人员和3D打印网店经营人员。下面介绍一下相关的岗位及其工作内容。

1. 3D打印研发岗位

3D打印研发人员主要的工作内容是在研发主管的领导下，依据企业产品开发计划，参与3D打印设备的系统研发工作；对新产品进行调试，对原有产品的功能进行优化；对技术人员进行培训，具体见表7-1。

表7-1 3D打印研发岗位概述

| 一、工作职责说明 | | | |
|---|---|---|---|
| 序 号 | 概 述 | 内 容 描 述 | |
| 1 | 3D打印机开发 | 1）积极关注行业发展动态，积累设计素材<br>2）广泛开展市场调研工作，收集相应技术、产品信息<br>3）负责产品系统设计、概要设计、详细设计<br>4）产品核心及模块开发工作<br>5）核心产品技术攻关，新技术的研究<br>6）对开发工作的内部验收工作 | |
| 2 | 产品性能测试 | 1）对研发的3D打印机进行单元测试<br>2）协助测试人员完成模块的测试工作<br>3）做好测试的问题记录，并及时进行反馈 | |
| 3 | 3D打印机功能<br>优化 | 1）对原有产品出现的问题进行解答<br>2）找到解决问题的方法<br>3）不断升级原有产品，提出新的研发方案 | |
| 4 | 其他 | 1）完成产品相关技术文档及管理工作<br>2）对技术人员进行技术培训<br>3）其他研发相关工作 | |
| 二、任职能力要求 | | | |
| 能力素质 | 1）有两年以上的相关产品开发经验，对算法设计/数据结构有深刻的理解，了解协议栈<br>2）熟悉面向对象设计、数据库设计、开发模式、UML建模语言和数据库模型设计工具<br>3）能够熟练使用开发和调试工具进行系统软件开发<br>4）了解或熟悉3D打印机，参与过3D打印机设计、开发与调试者优先<br>5）具备超强的学习能力和逻辑思维能力<br>6）有较强的分析能力<br>7）良好的沟通技巧和团队合作精神，具有研究和创新能力<br>8）有极强的美学素养、独特的设计风格、独到的创意观点、色彩审美观及较强的创意设计表达能力<br>9）创新能力：对事物具有超前性、高瞻性、新颖性、创造性等方面的认识和把握 | | |

## 2．3D打印模型设计岗位

### （1）3D打印模型设计师

3D打印模型设计师主要的工作内容是在研发经理的领导下，依据企业产品开发计划，参与产品模型的设计工作；收集行业市场的产品设计信息，为上级参与产品设计决策提供信息支持，具体见表7-2。

表7-2　3D打印模型设计岗位概述

| | 一、工作职责说明 | | |
|---|---|---|---|
| 序　号 | 概　述 | 内 容 描 述 | |
| 1 | 产品设计 | 1）积极关注行业发展动态，积累设计素材<br>2）广泛开展市场调研工作，收集相应技术、产品信息<br>3）参与产品开发小组，依据产品开发计划实施产品设计工作<br>4）为产品的可行性分析提供产品工业设计上的意见<br>5）产品效果图制作及其他图文处理<br>6）参与产品开发的样品生产和批量试制工作<br>7）参与产品设计的技术评审、鉴定 | |
| 2 | 模型的计算机处理 | 1）使用计算机将3D模型信息转化成STL格式文件<br>2）使用计算机将STL文件中存在的不符规范的数据进行模型的校正，生成数控指令文件（G指令）并正确输出数控指令<br>3）在生成数控指令文件和输出数控指令中，针对不同的打印机硬件、打印材料、打印需求，设置不同的参数<br>4）使用合适的软件对3D模型进行切片处理，提高打印的质量和精度 | |
| 3 | 设计规划 | 1）跟踪3D打印行业产品设计新概念，收集行业市场的产品设计信息，为技术开发主管参与决策提供信息支持<br>2）协助技术开发主管提出产品设计规划 | |
| 4 | 其他 | 1）进行产品拍照、产品图片资料修改、数码照相处理<br>2）协助技术开发主管制定部门发展规划和年度工作规划<br>3）设计图纸的保存和保密<br>4）其他产品设计相关工作 | |
| | 二、任职能力资格 | | |
| 能力素质 | | 1）有良好的艺术涵养及较强的审美能力、沟通能力、表达能力<br>2）能深刻理解企业理念、挖掘企业文化，能以作品展示企业内涵<br>3）熟练操作（MAC/PC）平面设计和三维设计软件（Photoshop、Illustrator、Core draw、AutoCAD等）<br>4）能够进行典型零件和工艺的二维和三维造型<br>5）有极强的美学素养、独特的设计风格、独到的创意观点、色彩审美观及较强的创意设计表达能力<br>6）有企业宣传资料的设计、制作与创新经验<br>7）创新能力：对事物具有超前性、高瞻性、新颖性、创造性等方面的认识和把握<br>8）沟通能力：能了解并耐心聆听总经理或者客户的设计要求，在合作过程中能进行良好的沟通<br>9）有较强的创新精神，善于钻研，勇于突破<br>10）个性品质：有激情，思维活跃，勤奋刻苦，责任心及执行力强，有良好的协作和服务意识 | |

（2）3D打印逆向造型设计师

3D打印逆向造型设计师主要的工作内容为在研发经理的领导下，依据企业产品开发计划，参与产品原型的扫描和模型数据的处理工作；对扫描的产品模型提出二次设计建议并进行二次设计；收集行业市场的产品设计信息，为上级参与产品设计决策提供信息支持，具体见表7-3。

表7-3　3D打印逆向造型设计师岗位概述

| 一、工作职责说明 | | | |
|---|---|---|---|
| 序　号 | 概　述 | 内　容　描　述 | |
| 1 | 物体测量和扫描 | 1）采用正确的测量方法获取三维物体的数据<br>2）利用3D扫描仪，获得物体表面每个采样点的3D空间坐标及色彩信息，生成3D模型 | |
| 2 | 逆向造型设计 | 1）使用CAD系统对测量的数据进行处理<br>2）使用逆向工程软件对扫描的数据生成模型<br>3）对需要的数据进行分片处理<br>4）根据产品市场需求和企业要求，对扫描的数据模型进行进一步加工和设计<br>5）积极关注行业发展动态，积累设计素材<br>6）广泛开展市场调研工作，收集相应技术、产品信息 | |
| 3 | 模型的计算机处理 | 1）使用计算机将3D模型信息转化成STL格式文件<br>2）使用计算机将STL文件中存在的不符合规范的数据进行模型的校正，生成数控指令文件（G指令）并正确输出数控指令<br>3）在生成数控指令文件和输出数控指令中，针对不同的打印机硬件、打印材料、打印需求，设置不同的参数<br>4）使用合适的软件对3D模型进行切片处理，提高打印的质量和精度 | |
| 4 | 其他 | 1）协助技术开发主管制订部门发展规划和年度工作规划<br>2）参与产品开发的样品生产和批量试制工作<br>3）设计图纸的保存和保密<br>4）其他产品设计相关工作 | |
| 二、任职能力要求 | | | |
| 能力素质 | | 1）有良好的艺术涵养及较强的审美能力、沟通能力、表达能力<br>2）能深刻理解企业理念、挖掘企业文化，能以作品展示企业内涵<br>3）熟练操作（MAC/PC）平面设计和三维设计软件（Photoshop、Illustrator、Core draw、AutoCAD等）<br>4）能够掌握主要类型的扫描仪的操作使用<br>5）能够对扫描的模型进行修改和再设计<br>6）能够进行典型零件和工艺的二维和三维造型<br>7）有极强的美学素养、独特的设计风格、独到的创意观点、色彩审美观及较强的创意设计表达能力<br>8）创新能力：对事物具有超前性、高瞻性、新颖性、创造性等方面的认识和把握<br>9）沟通能力：能了解并耐心聆听总经理或者客户的设计要求，在合作过程中能进行良好的沟通<br>10）有较强的创新精神，善于钻研，勇于突破<br>11）个性品质：有激情，思维活跃，勤奋刻苦，责任心及执行力强，有良好的协作和服务意识 | |

## 3．3D打印生产制造岗位

### （1）3D打印操作工程师

3D打印操作工程师主要的工作内容包括负责所属区域3D打印等机械设备的操作和产品生产，对所生产的产品质量进行负责，根据产品的特点和要求选择合适的耗材投入使用，具体见表7-4。

#### 表7-4 3D打印操作工程师岗位概述

| 一、工作职责说明 | | |
|---|---|---|
| 序 号 | 概 述 | 内 容 描 述 |
| 1 | 材料识别和选择 | 1）熟悉3D打印工业生产中的主要耗材 |
| | | 2）根据产品需要熟练选择不同的材料进行3D打印生产 |
| | | 3）对产品所使用的耗材提出优化建议 |
| 2 | 产品生产和打印 | 1）遵守厂规厂纪，贯彻执行生产管理各项制度，服从领导分配 |
| | | 2）努力工作，根据生产部下达的生产计划组织生产，保质保量完成生产任务 |
| | | 3）遵守工艺纪律，按3D打印产品生产工艺流程操作规程进行操作 |
| | | 4）配合公司新产品的试产 |
| | | 5）积极探索改进工艺、提高质量、降低成本的新方法 |
| | | 6）配合检验员搞好过程检验。决不让不合格品流入下道工序，严格按照厂定配方和质量要求，保证产品质量 |
| | | 7）在生产过程中，对产品质量每小时查一次，确保产品合格，严格按产品类型分配耗材 |
| | | 8）负责按时填制车间生产日志和生产数据的整理，做到数据准确、交接清楚 |
| | | 9）生产过程要认真仔细地操作，发现异常情况及时处理并向车间主任报告 |
| 3 | 打印后的后期处理 | 1）要按照要求冷却产品 |
| | | 2）小心移除打印的产品 |
| | | 3）正确去除底座和支撑 |
| | | 对打印出的产品进行检查，并进行必要的后期处理，如上色、抛光等 |
| 4 | 设备操作和维护 | 1）根据设备运行情况，适时提出建议，并对设备的维护检修进行验收 |
| | | 2）负责生产主控室的设备操作，优化设备开启流程，降低能耗与机械损耗 |
| | | 3）爱护机器设备，开机前先检查设备，确认设备正常时再投料生产 |
| 5 | 其他 | 1）完成上级委派的其他任务 |
| | | 2）机械操作人员不得擅自离开岗位，机械发生故障应停机处理，不得违章操作 |
| | | 3）对所操作的3D打印设备由于人为操作因素造成的损失负有责任 |
| | | 4）对违反安全操作规程进行操作，导致3D打印设备出现安全事故并造成损失的情况负有责任 |
| | | 5）发扬团结友爱、互助协作精神，努力学习科学文化知识，不断提高操作技能，积极向领导提出合理化建议 |
| 二、任职能力要求 | | |
| 能力素质 | | 1）能够熟练操作3D打印机，在3D打印设备运转过程中不断调整，确保产品质量自始至终保持打印产品的品质要求 |
| | | 2）能及时处理并上报打印过程中出现的突发事件，及时解决问题 |
| | | 3）了解3D打印机的打印操作步骤和注意事项 |
| | | 4）熟悉工业产品的打印要求和工艺流程 |
| | | 5）了解3D打印耗材及其应用 |
| | | 6）了解打印的产品的性能和用途、规格 |
| | | 7）能够做好当班及所负责3D打印设备的所有资料整理，按时记录，按时上交，并将有关情况及时向班组长或设备主管汇报 |
| | | 8）有较强的创新精神，善于钻研，勇于突破 |
| | | 9）个性品质：有激情，思维活跃，勤奋刻苦，责任心及执行力强，有良好的协作和服务意识 |

（2）3D打印质检工程师

3D打印质检工程师主要的工作内容为对3D打印耗材的质量进行检查，对3D打印的生产过程进行检查，对3D打印机打印生产的产品进行数量和质量的检查，对不符合要求的产品进行剔除并反馈，具体见表7-5。

### 表7-5　3D打印质检工程师岗位概述

| 一、工作职责说明 | | |
|---|---|---|
| 序　号 | 概　述 | 内容描述 |
| 1 | 材料检查 | 1）根据国家相关标准、技术文件等，对即将入库的原材料进行检验，出具检验报告<br>2）原材料复检<br>3）对检验中出现的不合格品进行分析，确定是否影响产品质量 |
| 2 | 生产过程检查 | 1）根据半成品、元器件规格及标准要求，按照生产工艺和检验方法，检测半成品、制品的产品质量<br>2）对生产过程中出现的不合格品和不合格批次进行鉴定，监督不合格品的处理过程<br>3）组织对生产过程质量控制进行全面管理 |
| 3 | 成品检查 | 1）按照企业出厂产品检验规范和检验标准进行检验，包含数量的检查，打印的产品精度和形状检查等<br>2）对成品检验中出现的不合格品和不合格批次进行鉴定，监督不合格品的处理过程<br>3）对经过检验，符合成品出厂要求的产品出具产品质量检验合格报告<br>4）对检验工具进行管理<br>5）及时填写成品质量记录及质量报表，做好质量报表的统计工作并及时上报给相关领导 |
| 4 | 检验档案、资料的管理 | 1）对原材料检验档案要进行分类，定期归档，并建立原材料检验数据库<br>2）要做好制造过程质量记录，对通过检验获得的信息和数据进行分析和处理，定期对质量记录进行统计、整理、归档<br>3）每月对成品检验档案资料进行分类整理、统计、登记造册 |
| 5 | 其他 | 其他质检相关工作 |
| 二、任职能力要求 | | |
| 能力素质 | 1）了解3D打印材料的种类和特点以及相关的国家标准<br>2）掌握3D打印的工艺过程<br>3）了解企业生产计划和产品特点及属性<br>4）了解企业出厂产品检验规范和检验标准，能够根据检验标准进行质量检查<br>5）掌握一定的Office办公软件的操作技能，能够制作质检报表<br>6）创新能力：对事物具有超前性、高瞻性、新颖性、创造性等方面的认识和把握<br>7）沟通能力：能了解并耐心聆听经理或者客户的要求，在合作过程中能进行良好的沟通<br>8）个性品质：有激情，思维活跃，勤奋刻苦，责任心及执行力强，有良好的协作和服务意识 | |

（3）3D打印产品抛光工程师

3D打印产品抛光工程师主要的工作职责是根据不同的3D打印产品的要求，使用手工抛光方法和机器抛光方法对打印的产品进行打磨和抛光，使产品能够光洁如玉、纯洁无瑕，让打印的产品成为客户需要的商品，提高产品打印的质量，具体见表7-6。

表7-6  3D打印产品抛光工程师岗位概述

| 一、工作职责说明 | | |
|---|---|---|
| 序  号 | 概  述 | 内 容 描 述 |
| 1 | 打磨、抛光 | 1）根据产品需要，正确使用打磨工具对3D打印出的粗糙的产品进行打磨<br><br>2）3D打印产品打磨和抛光工艺的流程和注意事项，正确使用抛光工具对3D打印出的粗糙的产品进行抛光处理<br><br>3）利用手工、机械、化学或电化学的作用对模型进行抛光处理<br><br>4）根据模型的需要，利用抛光机进行抛光<br><br>5）对模型进行抛光时注意填充表面毛孔、划痕以及其他表面缺陷，保持模型的干净整洁 |
| 2 | 其他职责 | 1）接受岗前、岗中培训，及时掌握先进的抛光方法和技巧<br><br>2）爱护机器设备，优化设备开启流程，降低能耗与机械损耗<br><br>3）服从工作安排，在安全操作规程范围内服从现场施工员的指挥<br><br>4）在工作中不得擅自离开岗位，不得违章操作<br><br>5）对由于人为因素导致抛光后产品损毁造成的损失负有责任 |
| 二、任职能力要求 | | |
| 能力素质 | | 1）能够使用打磨工具对3D打印出的粗糙的产品进行合理打磨<br><br>2）能够根据3D打印产品打磨和抛光工艺的流程和注意事项，正确使用抛光工具对3D打印出的粗糙的产品进行抛光处理<br><br>3）能够利用手工、机械、化学或电化学的作用对模型进行抛光处理<br><br>4）能够根据模型的需要，利用抛光机进行抛光<br><br>5）能够在抛光时填充表面毛孔、划痕及其他表面缺陷，保持模型的干净整洁<br><br>6）能够服从工作安排，在安全操作规程范围内服从现场施工员的指挥<br><br>7）沟通能力：能了解并耐心倾听同事、客户的要求，在抛光前后能进行良好的沟通与交流<br><br>8）个性品质：吃苦耐劳，责任心及执行力强，有良好的协作和服务意识 |

（4）3D打印产品上色工程师

3D打印产品上色工程师主要的工作职责为根据不同的3D打印产品的设计要求，使用手工上色和机器上色方法对打印后的产品进行上色，使产品能够色泽鲜亮，富有变化，提高打印的效果，符合客户的审美要求和市场需求，最终提高产品的销售和利润，具体见表7-7。

表7-7　3D打印产品上色工程师岗位概述

| 一、工作职责说明 | | |
|---|---|---|
| 序　号 | 概　述 | 内 容 描 述 |
| 1 | 上色 | 1）使用合适的上色材料和工具，选择合适的方法对3D打印出来的模具进行上色处理<br><br>2）掌握3D打印模具上色工艺的流程和注意事项，提高上色的效率和效果<br><br>3）根据模型的需要，能够利用上色机进行上色<br><br>4）上色完成后，注意产品颜色的风干和保护，防止被损毁<br><br>5）对模型进行上色时注意保持模型的干净整洁<br><br>6）上色初步完成后，对模型颜色进一步处理，防止掉色和变色<br><br>7）与设计人员及时沟通，防止上色错误 |
| 2 | 其他职责 | 1）接受岗前、岗中培训，及时掌握先进的上色方法和技巧<br><br>2）爱护产品，节约颜料，降低损耗与模具损毁<br><br>3）服从工作安排，在安全操作规程范围内服从现场施工员的指挥<br><br>4）在工作中不得擅自离开岗位，不得违章操作<br><br>5）对由于人为因素导致上色后产品不合格造成的损失负有责任 |
| 二、任职能力要求 | | |
| 能力素质 | | 1）能够使用合适的上色材料和工具，选择合适的方法对3D打印出来的产品进行上色处理<br><br>2）能够根据3D打印产品上色工艺的流程和注意事项，提高上色的效率和效果<br><br>3）根据模型的需要，能够利用上色机进行上色。<br><br>4）对模型进行上色时保持模型的干净整洁<br><br>5）能够使用合理的方法在上色初步完成后，对模型颜色进行进一步处理，防止掉色和变色<br><br>6）有独到的创意观点、色彩审美观及较强的表达能力<br><br>7）沟通能力：能了解并耐心倾听设计人员或者同事、客户的要求，在上色前后能进行良好的沟通与交流<br><br>8）有较强的创新精神，善于钻研，勇于突破<br><br>9）个性品质：吃苦耐劳，勤奋刻苦，责任心及执行力强，有良好的协作和服务意识 |

（5）3D打印维护工程师

3D打印维护工程师主要的岗位职责是负责3D打印等机械设备的维修工作，负责所属区域设备故障的维修工作，完成预防性维护保养工作，降低产品报废的概率，减少维修费用，减少停机工时，具体见表7-8。

表7-8　3D打印维护工程师岗位概述

| 一、工作职责说明 | | |
|---|---|---|
| 序　号 | 概　述 | 内 容 描 述 |
| 1 | 设备组装 | 1）根据打印机的组装程序和步骤，熟练进行3D打印机的组装工作<br><br>2）根据公司需要正确组装3D打印机的整体框架，安装限位开关和6块板子，并进行连接与固定<br><br>3）根据公司需要正确组装3D打印设备的控制器、电源、电路板、电机、驱动等零部件 |

（续）

| 一、工作职责说明 | | |
|---|---|---|
| 序　号 | 概　述 | 内　容　描　述 |
| 2 | 设备维护和保养 | 1）负责公司3D打印设备的机械维修工作，按维修单及时做好故障诊断与维修<br>2）能够调整喷嘴来控制位置精度，并在使用打印机的过程中通过调整位置精度来控制打印速度，提高打印精度和打印模型品质<br>3）对打印机进行日常维护保养，谨记一些注意事项，尽量避免打印过程中出现异常<br>4）采取适当的方法保护打印平台，防止从平台上取下打印物体时破坏平台<br>5）及时进行固件升级，修复机器中存在的漏洞，为机器增加新的功能，掌握固件升级的注意事项<br>6）按3D打印设备保养手册和设备说明书制订保养计划建议，并按计划实施保养工作<br>7）指导3D打印操作工人完成设备使用及简单保养工作<br>8）做好日常设备的巡视检查工作，及时发现问题，处理隐患<br>9）负责根据备件消耗情况提交降耗建议，并逐步降低所管区域备件消耗 |
| 3 | 采购支持 | 1）熟悉市场3D打印设备的主要型号和使用方法<br>2）根据库存情况提交备件采购申购表<br>3）负责备件的验收与急购备件的提交 |
| 4 | 其他 | 完成上级委派的其他任务 |
| 二、任职能力要求 | | |
| 能力素质 | | 1）熟练掌握3D打印机的工作原理、设备安装、维护的方法和注意事项<br>2）能够及时对工业产品制造过程中出现的打印机设备故障进行解决和修理<br>3）根据在产品制造过程中出现的不同的问题采取不同的维护方法，能够全面地分析问题并解决问题<br>4）熟悉3D打印设备的安装和调试<br>5）熟悉3D打印设备的操作<br>6）具备机械维修方面的知识<br>7）了解机械制图的方法，具有识图能力<br>8）有较强的创新精神，善于钻研，勇于突破<br>9）有良好的自身素养和工作态度，吃苦耐劳<br>10）个性品质：有激情，思维活跃，勤奋刻苦，责任心及执行力强，有良好的协作和服务意识 |

## 4．3D打印服务岗位

### （1）3D打印销售人员

3D打印销售人员负责企业品牌线下的推广和产品的销售，通过有效的手段将3D打印产品推广进市场并成功进行销售；对客户关系进行维护和管理，具体见表7-9。

表7-9　3D打印销售人员岗位概述

| 一、工作职责说明 | | |
|---|---|---|
| 序　号 | 概　述 | 内　容　描　述 |
| 1 | 了解企业内外市场环境 | 1）全面了解与公司产品有关联的产品业务的市场动态<br>2）了解竞争对手的业务市场状况和市场行动<br>3）了解目前企业生产部整体生产的剩余能力<br>4）对公司现有企业研发能力的现状进行一定程度的了解<br>5）能够及时洞察3D打印的新动态及其新的应用方式 |

（续）

| 一、工作职责说明 | | |
|---|---|---|
| 序　号 | 概　述 | 内 容 描 述 |
| 2 | 产品销售 | 1）掌握基本的市场销售技巧，对3D打印的产品进行线下销售<br>2）制订销售目标，并完成既定的销售任务目标，努力提高客户满意度<br>3）按需要参与各种3D打印产品的销售展示、会议以及市场活动，并提供现场技术支持、和客户互动，能够很好地维护客户关系，最终完成个人销售指标 |
| 3 | 客户关系管理 | 1）开发新的产品直接客户，维持并不断巩固客户关系<br>2）对客户和营销商进行客户关系管理<br>3）通过有效的客户关系管理的软件或者工具来进行客户关系维护<br>4）对客户的投诉进行有效处理 |
| 4 | 其他 | 1）完成上级委派的其他任务<br>2）负责跟踪项目的业务结算、回款工作 |
| 二、任职能力要求 | | |
| 能力素质 | | 1）反应敏捷、表达能力强，具有较强的沟通能力及交际技巧，具有亲和力<br>2）了解3D打印在工艺加工制造领域（模具制造、工艺品加工、陶瓷加工等领域）的应用<br>3）熟悉产品的特点、功能、规格<br>4）了解3D打印耗材及其应用<br>5）能够及时洞察3D打印的新动态及其新的应用方式<br>6）了解3D打印产品的商业模式及盈利价值<br>7）具备较强的产品销售技能和市场推广技能<br>8）能不断开发有效客户，并对客户进行管理和维护<br>9）具备较强的抗压能力<br>10）具备良好的客户服务意识，有责任心，执行力强<br>11）有较强的创新精神，善于钻研，勇于突破<br>12）个性品质：有激情，思维活跃，勤奋刻苦，责任心及执行力强，有良好的协作和服务意识 |

（2）3D打印网店经营人员

3D打印网店经营人员负责企业品牌的线上推广和3D打印产品的销售，通过电子商务网店运营的手段将3D打印产品推广进市场并成功进行销售；对客户关系进行维护和管理，具体见表7-10。

表7-10　3D打印网店经营人员岗位概述

| 一、工作职责说明 | | |
|---|---|---|
| 序　号 | 概　述 | 内 容 描 述 |
| 1 | 了解企业内外市场环境 | 1）全面了解与公司3D打印产品有关联的产品业务的市场动态<br>2）了解竞争对手的业务市场状况和市场行动<br>3）了解目前企业生产部整体生产的剩余能力<br>4）对公司现有企业研发能力的现状进行一定程度的了解<br>5）能够及时洞察3D打印的新动态及其新的应用方式 |

（续）

| 一、工作职责说明 | | |
|---|---|---|
| 序　号 | 概　述 | 内　容　描　述 |
| 2 | 网店开设和运营 | 1）做好网店开设前的前期准备工作并开设网店<br>2）对网店进行装饰和美化<br>3）对网店的订单和交易进行管理<br>4）与客户进行线上沟通，了解客户需求，进行产品销售<br>5）网店的线上、线下管理<br>6）3D打印商品的发货 |
| 3 | 网店推广与营销 | 1）制订合适的产品营销方案<br>2）通过网络和电子商务平台进行3D打印产品市场推广<br>3）对3D打印产品进行拍照、处理，以便进行网络推广<br>4）通过使用搜索引擎及论坛或者博客等网络工具进行产品的推广 |
| 4 | 客户关系管理 | 1）开发新的产品直接客户，维持并不断巩固客户关系<br>2）对客户和营销商进行客户关系管理<br>3）通过有效的客户关系管理的软件或者工具来进行客户关系维护<br>4）对客户的投诉进行有效处理 |
| 5 | 其他 | 1）完成上级委派的其他任务<br>2）负责跟踪项目的业务结算、回款工作 |
| 二、任职能力要求 | | |
| 能力素质 | | 1）反应敏捷、表达能力强，具有较强的沟通能力及交际技巧，具有亲和力<br>2）了解3D打印在工艺加工制造领域（模具制造、工艺品加工、陶瓷加工等领域）的应用<br>3）熟悉产品的特点、功能、规格<br>4）了解3D打印耗材及其应用<br>5）能够及时洞察3D打印的新动态及其新的应用方式<br>6）了解3D打印产品的商业模式及盈利价值<br>7）具备较强的产品销售技能和市场推广技能<br>8）能自己开设网店，并进行网店装饰和推广<br>9）能不断开发有效客户，并对客户进行管理和维护<br>10）具备较强的抗压能力<br>11）具备良好的客户服务意识，有责任心，执行力强<br>12）有较强的创新精神，善于钻研，勇于突破<br>13）个性品质：有激情，思维活跃，勤奋刻苦，责任心及执行力强，有良好的协作和服务意识 |

## 3D打印的迅速发展　九种职业几年内或将消失

　　美国《未来学家》杂志曾发表题为《创造明天的工作岗位》的文章，文章作者是托马斯·弗雷。文章称，促进生产率的技术可能会让工作岗位消失，但创新将创造出更多工作岗位。

文章说，到2030年，逾20亿个工作岗位将消失。这不是充斥着厄运和悲观的预测，这是对全世界的警示。

全世界的工作岗位会被用光吗？当然不会。但我们面临的挑战是让有薪酬的工作岗位与需要完成的工作一致，以及培养未来工作所需要的技能。

预测未来的工作岗位需要对未来行业进行分析，并推测这些行业的工作会在哪些方面有别于目前的工作。工商管理、工程、会计、市场学及营销学都是未来所需要的技能，但相关的工作也会有所不同。

### 3个行业可能创造岗位

个人快速交通系统：该系统有潜力成为全球有史以来最大的基础设施项目，耗资数万亿美元，并雇用数亿人。其所创造的工作岗位将包括站台设计师和建筑师、交通流分析师、指挥中心操作员及建筑队伍。

大气水分收集：这是解决全球最令人烦恼的问题之一的新兴方案，水分收集需要系统设计师和净化监测人员等。

3D打印：该技术被高盛公司定义为注定会创造性地颠覆既有商业模式的八大技术之一。未来相关工作岗位包括材料专家、设计工程师以及3D打印器官的器官经纪商。

当工作岗位实现自动化，从而导致该岗位不复存在时，这并不意味着没工作可做了。我们正在解放人力资本，这些人力资本可以用于能够在成千上万个行业里创造大量新工作岗位的工作。

### 9种职业几年内或消失

西班牙《阿贝赛报》曾发表报道称，随着技术的发展，新职业不断涌现，旧职业也逐渐消失。careercast网站盘点了以9种需求量不断下滑的职业，这些职业未来几年可能会趋向消失。

1）邮递员：预计到2022年，邮递员的岗位需求将会减少28%。

2）农民：预计到2022年，对农民的需求量将降低19%。

3）抄表员：随着远程抄表系统的普及，抄表员的需求量将减少19%。

4）旅行社经纪人：如今游客通过互联网就可以预订旅行行程。预计到2022年，旅行社经纪人的需求量将减少12%。

5）伐木工：在这个提倡节约用纸的社会中，伐木工的需求量自然不断减少，到2022年预计将降低12%。

6）空乘人员：航班和航线的减少严重影响到空中服务员的生计，预计中长期内此项工作的需求量将减少7%。

7）车床工人：制造业革命导致对车床工人的需求不断减少，未来数年需求量或将减少6%。

8）印刷工人：随着纸质媒体和纸质书籍越发少人问津，对印刷工人的需求也将在中长期内减少5%。

9）公司财务会计：经济危机导致很多企业预算锐减，加之新技术的应用，预计到2022年对公司财务会计的需求量将减少4%。

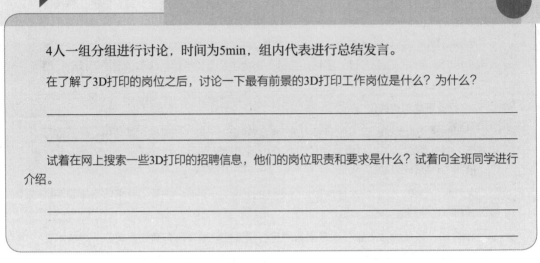

▶ 课堂讨论

4人一组分组进行讨论，时间为5min，组内代表进行总结发言。

在了解了3D打印的岗位之后，讨论一下最有前景的3D打印工作岗位是什么？为什么？

_____

_____

试着在网上搜索一些3D打印的招聘信息，他们的岗位职责和要求是什么？试着向全班同学进行介绍。

_____

_____

# 7.2  3D打印从业人员的
# 职业素养

▶ 课前讨论

根据前面的学习内容以及对3D打印的了解，讨论以下问题：

● 除了掌握相关岗位的职业技能外，还需要具备什么职业能力？

● 你了解职业素养吗？你觉得自己适合做一名合格的3D打印行业的专业人员吗？为什么？

● 你觉得自己哪方面的能力还需要再提高？

## ▶知识储备

　　无论是研发人员、设计人员，还是生产制造人员和销售服务人员，只要想在3D打印领域长久发展下去，就需要具备一定的职业素养。概括地说，要想成为一名合格的3D打印人才，需要具备以下3个方面的能力：良好的职业道德、娴熟的专业技能和优秀的软性能力，具体来说包括良好的职业道德、3D打印机操作技能、计算机软件操作技能、创新能力以及基本的管理能力。

　　1．良好的职业道德

　　3D打印是一新兴的领域，正因为如此，国家和市场都对这个领域缺乏监管，因此很容易产生一些漏洞。例如，关于知识产权的争论、危险产品的打印、生物器官的打印和售卖等。很多缺乏职业道德素养的人就会做一些违背法律和伦理的事情。尊重他人的成果、服从法律的权威以及社会伦理的规范是3D打印从业人员的基本职业道德。否则，这个社会将会因此而产生巨大的灾难。

　　2．3D打印机操作技能

　　3D打印机的基本原理都是大同小异，因此掌握了3D打印机的基本原理之后就能操作各种不同类型的3D打印机。

　　无论是3D打印的研发、生产制造还是销售服务，都需要具备熟练的3D打印机操作技能。训练3D打印机操作能力的方法如下：

　　1）要努力学习相关的理论知识，包括3D打印技术的原理、应用、增材制造技术、材料技术等相关的课程内容，理解并内化这些内容，在真正运用时能够得心应手。

　　2）要积极参与学校的3D打印实训课程。一般开设3D打印课程的学校都会设置一定的实训环节，包括计算机软件的实训和真实的打印实训。在每一次的打印操作过程中，要学会总结经验，不断思考和突破。

　　一般学校都会引进3D打印教学实训平台，同学们只要在平台中认真练习，不断学习，一定会有所收获。

　　3．计算机软件操作技能

　　要想从事3D打印行业的工作，计算机操作是基础的能力。因为在打印环节的前期，需要对打印的物体进行模型的设计，所以需要掌握相关的模型设计的软件，包括AutoCAD、3dx Max等，工业设计中还包括Rhino、Maya等更为复杂的建模软件。

另外，在3D打印的操作前也需要使用专门的切片软件对模型进行切片。目前，很多3D打印公司开发了自己的切片软件，客户在使用3D打印机时，只有使用相应的切片软件对模型切片，才能使模型得到正常的打印。因此，掌握切片软件的使用也是必不可少的技能。

### 4．创新能力

3D打印是新兴行业，目前的3D打印产品都或多或少存在着一些缺陷，未来人们会遇到更好的3D打印机和耗材，只有这样3D打印行业才能不断突破、不断壮大。因此，3D打印从业人员只有具备一定的创新能力，才能被更多的企业所接纳，即使只是一个小小的操作人员或者设备维护人员，没有一定的创新能力和创新精神也是会被迅速淘汰的。因此，需要努力提高自身的创新能力。具体可以借鉴以下的建议。

1）要加强学习。知识贫乏就没有创新的基础，因为创新要以继承为条件，绝不是无根之木、无源之水。所以要养成学习的习惯，努力学习新兴科学知识，不断学习，不断积累，随时掌握3D打印的动态，使自己的知识水平始终处于时代的前沿。

2）要培养创新意识。只有创新意识强，才会自觉地提高自身的创新能力，培养创新意识。既然是创新，也就没有先例可以借鉴，要创新就必须敢于向旧传统提出挑战，如果患得患失，怕担风险，就不可能有创新。因此，必须不怕困难，不怕挫折，锻炼自己敢于挑战的坚强意志。

3）要创新思维。更新观念、创新思维是推动创新的先导，培养创新思维是提高创新能力的重要途径。创新思维要求善于对问题进行多方位、多角度、多手段的探讨，进行比较分析，从中寻找解决问题的最佳方案。

4）要勇于实践。实践出真知。创新能力是在长期创新实践中不断提高的，只有积极参加实践，不断总结经验教训，才能提高自身的创新能力。只有不断实践，不断总结，创新能力才会不断提高。

### 5．基本的管理能力

正因为3D打印是一个新兴的领域，同时又是一个具有非常大的发展潜力的领域，所以市场对人才需求量非常大，很多用人单位急需3D打印的专业人才。进入这个行业之后只要认真学习，努力工作，一定会迅速被企业所接纳并得到晋升。所以掌握一定的管理能力也是必不可少的素养。

对于3D打印从业人员来说，管理能力主要体现在以下3个方面：①对机器和相关材料、产品的管理能力。如3D打印操作工程师就需要对所辖的所有机器进行管理，质检工程师也需要对所负责的3D打印的材料和产品进行管理；②自我管理能力。这是任何一个合格的3D打印工程师都需要具备的基本的职业素养，严格要求自己，把每一个工作环节做到最好；③管理下级的管理能力。在3D打印行业各个岗位急需人才时，一般基础从业人员只需要不到一年的时间就可以得到晋升机会。因此，在平时的工作过程中要多观察自己的上级的工作和管理方法，多向上级学习。在平时的工作中注意多积累一些管理经验，为以后的管理工作做好准备。

### 扩展阅读 ● ● ●

## 全球对3D打印行业人员招聘与雇佣飙涨

2014年9月，人力资源咨询机构WANTED Analytics发布了一份全球3D打印行业人员招聘与雇佣趋势报告。根据该报告的分析，过去4年来对于具备3D打印与增材制造相关技能的人员的需求量明显持续上升。4年间发布的关于3D打印和增材制造领域的相关招聘广告数量增长了18倍（见图7-1所示），达到1834%。仅在2014年8月份与去年同期相比，招聘广告的数量就增加了103%。

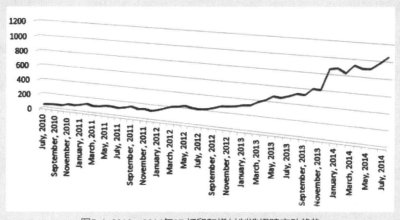

图7-1 2010—2014年3D打印和增材制造招聘变动趋势

来源：WANTED Analytics（分析）

与此同时，在工程技术类岗位招聘中，与3D打印和增材制造技术相关的岗位需求最多，占过去30天内发布的工程技术类招聘岗位总数的35%。在其他职业类别，与3D打印相关的招聘主要集中在IT和管理岗位上。以下是在招聘广告中，与3D打印相关的几类招聘数量最多的岗位。

**3D打印和增材制造业需求最大的几类岗位：**

a）工业工程师。

b）机械工程师。

c）软件开发人员。

d）商业和工业设计师。

e）营销经理。

显然，在当下的3D打印行业中，需求量最大的是工业工程师和机械工程师，其次是程序员和设计师。您可能会感到很有趣，为什么营销岗位会跟设计师、技术、工程岗位在一起，这是因为很多企业都在寻找营销经理，以推广他们公司在3D打印方面的产品和服务，向客户和市场宣传他们的特点和优势，以及管理合作伙伴或研究市场机会等。

**此外，该报告还列出了对3D打印相关岗位需求最大的前五位行业：**

a）其他计算机周边设备制造业。

b）学院，大学和职业学校。

c）轮胎和管道商业批发。

d）探测、导航、制导、航空、航海及系统和仪器仪表制造业。

e）铝板，钢板及铝箔制造。

随着需求的增长，企业的招聘难度也在上升。去年七月，3D打印和增材制造相关岗位的人员招聘难度系数为44。此后，难度系数分值增加了16分达到60分。根据WANTED Analytics的岗位招聘难度系数评估体系，其分值在1～99之间，99表示最难招。这个60分则表示招聘有一定的难度。

## 课堂讨论

4人一组分组进行讨论，时间为5min，组内代表进行总结发言。

讨论一下3D打印从业人员最重要的素养是什么？

_____

_____

试着在网上搜索一些3D打印的招聘信息，找出他们注重的是什么能力？

_____

_____

## 模块总结

相信通过本模块的学习，大家对3D打印的岗位和岗位工作人员所需要的职业能力具有了一定的认识。无论未来从事哪种岗位或者哪个行业，综合地掌握这些能力和素养将有助于你未来的就业，使你比其他毕业生掌握更加具体和有效的技能，占有更多的择业优势。

根据要求，完成以下模块任务和模块练习。

# 模块任务

## ● 任务背景

假设你马上就要毕业参加工作了，现在一家3D打印公司正在招聘3D打印行业的多个岗位人员，你想去面试，试着给自己设计一份面试简历，然后拿着简历到企业面试相应的岗位。

## ● 任务形式

教师根据学生人数，把学生分组，最好每组3名同学合作完成任务。

## ● 任务介绍

1）角色扮演，一人扮演面试者，一人扮演招聘者，还有一人作为观察员。

2）面试者需要设计面试简历，包括自我介绍、面试岗位、工作经历、胜任原因、未来的规划。

3）招聘者需要对面试者继续面试，询问的问题也要包含自我介绍、面试岗位、工作经历、胜任原因、未来的规划5个方面。

4）观察员观察整个面试过程，最后做出评价。

## ● 任务要求

1）10min准备简历时间，包括收集素材和构思，以及写简历。

2）10min面试时间，一问一答，相互配合。

3）5min观察员总结时间，对演练过程中两位扮演者的表现给予评分。

4）教师选出优秀组进行表扬。

● **任务总结**

1 ) _____

2 ) _____

3 ) _____

# 模块练习

1 ) 用思维导图的形式概括出本模块学习的主要内容。

2 ) 课后查阅资料，了解一下目前国内外著名的3D打印企业。

# 参 考 文 献

[1] 王春玉，傅浩，于泓阳．玩转3D打印[M]．北京：人民邮电出版社，2014．

[2] 杨继全，冯春梅．3D打印——面向未来的制造技术[M]．北京：化学工业出版社，2014．

[3] 王红．3D打印——头脑红利驱动创意经济[M]．济南：山东人民出版社，2014．

[4] 吴怀宇．3D打印——三维智能数字化制造[M]．北京：电子工业出版社，2014．

[5] 李作林，袁大伟．3D打印技术与科技创新实践[M]．北京：清华大学出版社，2015．

[6] 王运赣，王宣．3D打印技术[M]．武汉：华中科技大学出版社，2014．

[7] 孙劼．3D打印机/3ds Max 从建模到制作完全自学教程[M]．北京：人民邮电出版社，2014．

[8] 崔万瑞，李愈馨，李福坤，等．3D打印机体系结构研究[J]．计算机光盘软件与应用，2014，16：127-128．

[9] 赵春雷．3D打印机的种类[J]．世界科学，2012，7：18-19．

[10] 王瑞玲．3D打印机设计的初步分析[J]．电子制作，2013，19：28-20．